Jürgen Lewandowski

Das Große Buch des
Automobils

STEIGER

Inhalt

Rasch entdeckten die Pioniere auch die Lust an der Fahrt ins
Grüne – so wie hier Karl Benz und Baron von Liebig beim
Samstagsausflug ins benachbarte Gernsheim anno 1894.

Die Pioniere

Wenige Träume des Menschen sind so alt, wie der, mobil zu sein – sich frei bewegen zu können, Distanzen zu überbrücken. Diesen Traum träumten bereits Homer in der Odyssee und Leonardo da Vinci in seinen Codices. Und auch die Kampfwagen der Sumerer, die Tragesänften der Römer, die Kutschen des Mittelalters trugen ihren Teil zur Mobilität bei wie auch die Ochsenkarren und Pferdegespanne, die seit Tausenden von Jahren diesem Zweck dienten.

Es blieb dem englischen Mönch Roger Bacon vorbehalten, im 13. Jahrhundert erstmals die Idee eines selbst fahrenden Fahrzeugs – schriftlich nachweisbar – zu äußern. Zwar undefiniert und spekulativ, jedoch unter dem nachdrücklichen Hinweis, dass er jegliche magische Vorstellung ablehne.

Der Umschwung kam in der Renaissance: Eine neue mathematisch-naturwissenschaftlich orientierte Epoche erkannte, dass diese Welt komplexer sei, als man es sich bis dato vorgestellt hatte. Leonardo da Vinci und Galileo Galilei veränderten das Weltbild. Johannes Kepler entdeckte, mit den Erkenntnissen des Tycho Brahe, die Gesetze der Planetenbewegungen; und Johann Gutenberg ermöglichte mit seiner Revolutionierung des Buchdrucks die Verbreitung dieser Neuheiten.

› Urknall des Verbrennungsmotors

Ein niederländischer Physiker und Mathematiker, Christian Huyghens, sorgte dann 1673 für den Urknall des Verbrennungsmotors – Huyghens war von Ludwig XIV. an die französische Akademie der Wissenschaften geholt worden und galt als einer der klügsten Köpfe seiner Zeit. Er führte an einem Sommertag des Jahres 1673 seine Pulvermaschine vor, bei der er das Vakuum, das nach einer Verbrennung und dem Entweichen der Verbrennungsgase in einem geschlossenen Raum entstand, für die Bewegung eines Zylinders nutzte. Natürlich fand diese Bewegung nur einmal statt, dann war das Schießpulver verbraucht – und die Kolbenbewegung schon beendet. Aber es war ein Anfang.

Denis Papin, Arzt und Mathematiker (und Assistent von Huyghens) gelangte dann zu der Überzeugung, dass die

1899 begann Louis Renault mit der Produktion seiner Fahrzeuge – und auch wenn die Voiturette Typ A aus dem Jahr 1899 ein kleiner Zweisitzer mit relativ schlichter Technik war, so stellt dieses Modell doch heute den Grundstein einer der großen Autofirmen dieser Erde dar.

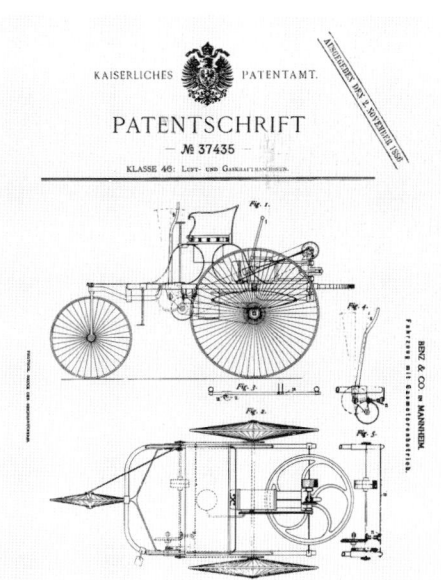

Das Wichtigste war die Patentschrift: Erst mit diesem Dokument vom 2. November 1886 für das Dreirad des Karl Benz war das Automobil auch offiziell erfunden.

Gottlieb Daimler, der am 17. März 1834 im schwäbischen Schorndorf geboren wurde, ist einer der beiden Väter des Automobils.

rasche Abkühlung von Dampf zu einer weniger explosionsartigen Verdichtung führen könnte. Er veröffentlichte 1690 das Werk „Neue Methode, die stärksten Triebwerke mit leichter Mühe zu erzeugen".

Der Brite Thomas Savery hatte 1698 das Patent für ein atmosphärisches Dampfhebewerk erhalten – das in England zur Entwässerung von Bergwerksschächten benutzt wurde – und dieser Weg führte dann über etliche Umwege zu der Dampfmaschine, wie sie 1765 von James Watt vorgestellt wurde.

Natürlich kam nun schnell die Idee auf, diese Dampfmaschine auch mobil zu machen. Bereits 1769 bewegte sich (wenn auch mehr schlecht als recht) der Dampfwagen von Joseph Cugnot über die Pflastersteine von Paris. Über viele verschlungene Pfade führte diese Technik dann – nicht zuletzt auch über den Umweg der Eisenbahn – zu den Dampfwagen, die bis zu Beginn unseres Jahrhunderts eine ernsthafte Konkurrenz für die damals gerade in Mode kommenden Benzinkutschen darstellten. Noch am 26. Januar 1906 erreichte Fred H. Marriott mit seinem Stanley Steamer am Strand von Daytona Beach in Florida 205,448 km/h – die 200-km/h-Grenze wurde also erstmals von einem Dampfwagen durchbrochen.

Die erste Automobilwerbung der Erde war noch vergleichsweise schlicht: Hier macht Karl Benz auf seinen Patent-Motorwagen aufmerksam, der mit Gasbetrieb durch Benzin angetrieben wird – heute ein sehr teures Stück Automobil-Literatur.

› Der Gasmotor bringt neue Erkenntnisse

Der zweite Pfad, der zu dem mobilen Verkehrsmittel führte, das sich heute auf unseren Straßen durchgesetzt hat, wurde zu Beginn des 16. Jahrhunderts geebnet: Seit dieser Zeit gab es Experimente, aus Steinkohle Gas herzustellen. Johann Joachim Becker aus Speyer präsentierte im Jahr 1680 ein – wie er es nannte – „philosophisches Licht", 1786 zeigte der Franzose Philippe Le Bon d'Humersin eine mit Holzkohlegas gespeiste Thermolampe, und 1791 erhielt der Brite John Barber das Patent für eine Gasturbine, die nach dem Muster von Wasserrädern funktionieren sollte. Schon drei Jahre später stellte Robert Street ein mit Gas betriebenes Pumpwerk vor. Der bereits erwähnte Le Bon ging dann als Urerfinder der Gasmaschine in die Technikhistorie ein. Er hatte 1801 sein Patent für die Leichtgasherstellung mit dem Entwurf eines Gasmotors ergänzt. Le Bons Konzept war, Gas und Luft mit je einer Pumpe vorzuverdichten, dann in einen gemeinsamen Druckbehälter zu befördern und dieses brennbare Gemisch (ähnlich wie bei einer doppelten Dampfmaschine) über und unter einen Kolben zu leiten, wo es elektrisch gezündet werden sollte.

Ähnlich wie bei der Dampfmaschine bewirkte jedes neue Patent eine Fülle neuer Erkenntnisse; die Techniker und Erfinder hatten Hochkonjunktur – jeder probierte etwas Neues aus, manche brachten die Idee weiter, die meisten vergeudeten nur ihr Geld.

Der Schwede Isaac de Rivaz erhielt 1807 das französische Patent auf einen Wasserstoff-Gasmotor, der Brite William Cecil versuchte sich 1820 an einem atmosphärischen Gasmotor, Samuel Brown baute gegen 1830 einen funktionierenden Motor, der nachgewiesenermaßen ein Boot antrieb.

Die Namen derer, die sich mit dem Thema Verbrennungsmotor beschäftigt haben, füllen in den technischen Lexika etliche Seiten – darunter war auch ein Luxemburger, der allerdings in Paris lebte. Sein Name war Jean Joseph Etienne Lenoir. Ihm sollte es gelingen, der Konkurrenz der Dampfmaschine das Laufen beizubringen. Die Patentschrift des Jahre 1860 sagte klar: „In dieser atmosphärischen Maschine wird das Gas und die Luft durch die Kolbenbewegung selbst, ohne vorherige Mischung und ohne Pumpe angesaugt." Obwohl der Lenoir-Motor noch viele Schwächen aufwies, wurde er ein großer Verkaufserfolg; er ermöglichte es auch kleineren Betrieben, sich erfolgreich gegen die Großindustrie – die mit den Dampfmotoren die Produktionsmethoden völlig verändert hatte – zu behaupten.

Im Jahr 1894 entstand der Daimler- „Riemenwagen", der von einem Zweizylinder-Reihenmotor mit 760 ccm Hubraum angetrieben wurde.

› Der Otto-Motor gewinnt eine Goldmedaille

Natürlich zog es die Tüftler zum Lenoir-Motor; es galt ihn zu verbessern, ihm den hohen Gasverbrauch und den reichen Bedarf an Schmiermitteln abzugewöhnen. Und nicht nur Techniker, sondern auch Laien versuchten sich an dieser Aufgabe. Einer von ihnen war Nikolaus August Otto, Handelsvertreter im Rheinischen und im Alter von 28 Jahren Erbe eines kleinen Vermögens seiner Mutter. 1860 begann er den Lenoir-Motor auf flüssigen Kraftstoff umzustellen. 1863 hatte er nach viel Detailarbeit den Gasmotor weiter entwickelt und verbessert; ein Jahr später fand er in Eugen Langen einen finanzkräftigen Partner, und 1866 wurde das erste preußische Patent für Ottos Konstruktion erteilt. 1867 erhielt der Motor dann auf der Weltausstellung in Paris eine goldene Medaille.

1872 wurde die Gasmotoren-Fabrik Deutz AG gegründet, die die Produktion der Motoren von der handwerklichen Ebene auf eine industrielle heben sollte. Dafür stellte man zwei neue Männer für die Führungsebene ein: Gottlieb Daimler als technischen Direktor und Wilhelm Maybach als Chefkonstrukteur – beides Männer, die noch ausführlicher gewürdigt werden sollen.

Mittlerweile war Konkurrenz aufgetaucht: Die Heißluftmotoren erreichten bis zu 8 PS, die Gasmotoren erreichten

Wilhelm Maybach war der kongeniale Partner von Gottlieb Daimler. Der am 9. Februar 1846 geborene Maybach war über 30 Jahre hinweg der engste Mitarbeiter von Daimler, der mit seinen bedeutenden Erfindungen zum „König der Konstrukteure" wurde. Maybach verstarb am 29. November 1929.

Im Gewächshaus hinter der heimischen Villa begannen Daimler und Maybach 1882 mit der Entwicklung des schnelllaufenden Fahrzeugmotors – der 1883 erstmals lief.

Der erste Daimler-Einzylindermotor leistete 1883 bei 900/min exakt eine Pferdestärke.

nur 3 PS – es war also nur noch eine Frage der Zeit, wann der Marktanteil so weit zurückgegangen sein würde, dass die Gasmotorenfabrik Deutz wieder schließen musste. Otto begann zu grübeln und kam auf den Gedanken, dem bis dato üblichen Zweitaktverfahren den Verdichtungshub hinzuzufügen. 1876 lief der erste Viertaktmotor; Wilhelm Maybach sorgte dafür, dass die Konstruktion weiter vervollkommnet wurde, und ein Jahr später bekam er das Patent. Der Otto-Motor stellte den Durchbruch dar: Er war einfach zu bauen, sparsamer als alle Konkurrenzmodelle – Otto hatte es geschafft.

1882 verließen Daimler und Maybach die Gasmotorenfabrik Deutz, nachdem Nikolaus Otto und Gottlieb Daimler immer weniger Verständnis füreinander fanden. Da Daimler einen lukrativen Vertrag mit Gewinnbeteiligung ausgehandelt hatte, konnte er daran denken, sich selbständig zu machen.

Otto ging es finanziell hervorragend, bis ihm das deutsche Reichsgericht am 30. Januar 1886 die Rechte an allen Patenten aberkannte. Was war geschehen? Bereits 1862 hatte der französische Eisenbahningenieur Alphonse Beau de Rochas eine Schrift veröffentlicht, in der er – nur in der Theorie – Wege zum Viertaktverfahren aufgezeigt hatte. An diese Veröffentlichung war auch ein Patent geknüpft, für das sich aber niemand interessiert hatte und das nach zwei Jahren unbeachtet wieder verfallen war. Auch Otto hatte niemals etwas von diesen Schriften oder dem Patent gehört – das deutsche Reichsgericht erkannte Beau de Rochas jedoch die Priorität zu, und damit durfte jeder (da das Patent von Rochas ja mittlerweile verfallen war) den Viertaktmotor ohne Lizenzgebühren an Nikolaus Otto – der ihn zum Laufen gebracht hatte – nachbauen. Otto zerbrach an diesem Schicksalsschlag, er starb unbeachtet im Jahr 1891.

› Wer schuf das Automobil?

Viele haben den Anspruch erhoben, das erste Automobil erbaut zu haben – die Vielzahl der Hundertjahrfeiern der 1970/80er Jahre bewies dies zur Genüge. Sie litten aber alle unter dem selben Fehler: Sie stimmten nicht. Der österreichische Marcus-Wagen beispielsweise, der immer wieder auftaucht und bereits im Jahr 1876 in Wien gelaufen sein soll, war in Wirklichkeit eine atmosphärische Versuchsmaschine, die Siegfried Marcus auf einen Handwagen gestellt hatte; es gab keine Verbindung zwischen Motor und Rädern. Die Italiener feiern Giuseppe Murnigotti als Pionier, er ließ sich ein Dreirad mit Motor patentieren – gelaufen ist es nie.

Und es gab sogar Leute, die ließen sich das Konzept eines Kraftwagens patentieren, ohne eine Problemlösung bereitzustellen oder gar einen Wagen oder einen Motor zu bauen. Ein Amerikaner, Rechtsanwalt von Beruf, verklagte bis zum Jahr 1911 die amerikanische Automobilindustrie, ihm für jedes gebaute Auto einen Obolus zu entrichten – dann verlor er den entscheidenden Prozess, weil ihm die gegnerischen Anwälte nachweisen konnten, dass er sich das falsche System hatte patentieren lassen: er hatte auf Automobile mit Zweitaktmotoren gesetzt, in den USA wurden jedoch nur Fahrzeuge mit Viertaktmotor gebaut.

Die Franzosen feierten 1984 Edouard Delamare-Deboutteville, der 1883 ein hölzernes Motordreirad gebaut hatte und daraus noch einen Vierradwagen mit einem Zweizylinder-Viertaktmotor entwickelte, der im Februar 1884 zum Patent angemeldet wurde. Tatsache ist aber, dass das Dreirad bei der ersten Fahrt zusammenbrach, der Vierradwagen niemals in Fahrt gesehen wurde und die Patentschrift eine nicht funktionsfähige Konstruktion beschreibt.

Die französischen Pioniere, die gegen Ende des vorigen Jahrhunderts den Siegeszug des Automobils einleiteten, haben in ihrer Korrespondenz stets darauf hingewiesen, dass Gottlieb Daimler und Karl Benz die Schöpfer des funktionsfähigen Automobils seien. Zwar waren viele Männer an der Entdeckung der Zusammenhänge beteiligt, aber auch diesen Pionieren fehlten zu oft noch Erkenntnisse, die geeigneten Materialien waren noch unbekannt, physikalische Zusammenhänge ungeklärt – zuweilen fehlte auch schlicht der richtige Gedanke zum richtigen Moment.

Daimler und Benz hingegen hatten, geprägt durch ihre Arbeit und durch die richtigen Kollegen, klar erkannt, wie der Weg zu beschreiten sei – und sie gingen ihn, ohne Ablenkung, ohne sich aus dem Schritt bringen zu lassen.

> ### Gottlieb Daimler baut die Motor-Kutsche

Gottlieb Daimler, der am 17. März 1834 als Sohn eines Bäckermeisters in Schorndorf geboren wurde, besuchte die Schorndorfer Realschule, anschließend die Lateinschule, bevor er beim Büchsenmacher Raithel in die Lehre ging. Überall fiel seine naturwissenschaftliche Begabung auf; folglich besuchte Daimler die gewerbliche Fortbildungsschule in Stuttgart, die Gesellen mit abgeschlossener Ausbildung offen stand. Über den Direktor der Schule erhielt Daimler 1853 eine mit einem Stipendium verbundene Stelle bei einer Maschinenbauanstalt im Elsass. Drei Jahre später kehrte er nach Stuttgart zurück, um an der polytechnischen Schule Physik und Chemie, Maschinenbau und Geschichte, Volkswirtschaft und Englisch zu studieren. Die Maschinenbauanstalt rief den aus-

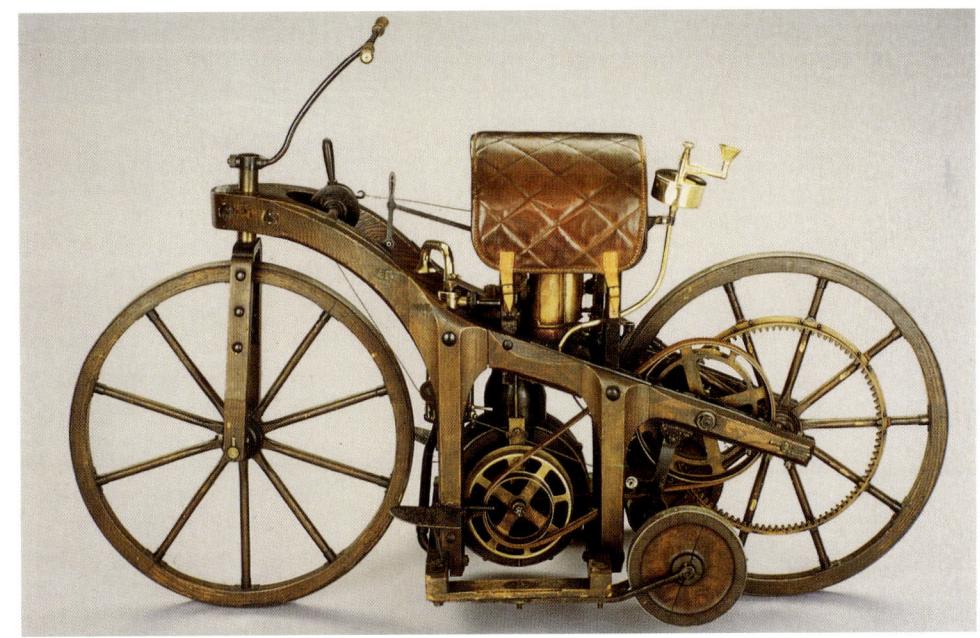

Der Daimler „Petroleum-Reitwagen" war 1885 das erste Motorrad der Welt – er erhielt die Patentnummer 36423.

Die Daimler-„Motorkutsche" entstand 1886. Dieses erste Fahrzeug von Gottlieb Daimler verfügte über einen stehend montierten Einzylindermotor mit 462 ccm Hubraum, der bei 600/min 1,1 PS leistete und für 18 km/h Höchstgeschwindigkeit sorgte.

gebildeten Ingenieur wieder, der auch kurz ins Elsass zurückkehrte, bevor er im Sommer 1861 über Paris – wo er sich sehr aufmerksam den Lenoir-Motor betrachtete – nach England weiterreiste, ins Mutterland der Industrialisierung. Hier interessierte er sich für die Maschinenfabrikation und den Schiffbau.

Im Sommer 1862 kehrte Daimler, nachdem er noch die Weltausstellung in London besucht hatte, ins Schwabenland zurück und übernahm im „Bruderhaus" in Reutlingen die Leitung der Maschinenfabrik. Das Bruderhaus war eine Gründung des schwäbischen Theologen Gustav Werner, der in diesem Unternehmen Vollwaisen, Verarmte und Behinderte beschäftigte, um „der aufkommenden Industrie das Prinzip eines christlichen Sozialismus einzupflanzen".

Die sechs Jahre, die Daimler in Reutlingen verbrachte, waren entscheidend für sein weiteres Leben: Er fand seine Frau, die Apothekerstochter Emma Kurz aus Maulbronn, er fand seinen Freund und Weggefährten Wilhelm Maybach, er bekam eine fundierte Ausbildung in der Bewältigung wirtschaftlich-technischer Probleme, und er löste die finanziellen Schwierigkeiten der Fabrik.

Daimler und Maybach, der im Alter von zehn Jahren zur Vollwaise wurde und deshalb im Bruderhaus aufgewachsen war, blieben bis zum Tod von Gottlieb Daimler im Jahr 1900 eine verschworene Gemeinschaft. So nahm Daimler den zwölf Jahre jüngeren Maybach 1869 mit zur Maschinenfabrik Karlsruhe, wo er Vorstandsmitglied geworden war, und 1872 gingen sie gemeinsam zur Gasmotoren-Fabrik Deutz AG, bei der sich Maybach sofort daran machte, die Konstruktionen von Nikolaus Otto technisch zu überarbeiten.

Im Jahr 1878 erkannte Daimler das Hauptproblem aller Motoren der damaligen Zeit: Sie liefen zu langsam; man brauchte einen kleinen, leichtgewichtigen und schnell laufenden Verbrennungsmotor, der – nebst anderem – auch ein Fahrzeug antreiben konnte. Nur Maybach war in der Lage, die Gedankengänge von Daimler nachzuvollziehen. Da Otto – der gerne die Betriebsleiterstelle von Daimler gehabt hätte – für eine nur wenig erfreuliche Betriebsatmosphäre sorgte, machte sich Daimler 1882 selbständig, und es war klar, dass Wilhelm Maybach seinem langjährigen Weggefährten nach Bad Cannstatt folgte.

Im Gewächshaus hinter der heimischen Villa begann in den darauf folgenden Jahren der Schnellläufer Formen anzunehmen. Daimler hatte das Hauptproblem gelöst und eine Zündung entwickelt, die den bis dato nur etwa 200/min drehenden Viertakter von Otto auf etwa 600/min brachte – das Ergebnis war die Glührohrzündung, die auf Grundlagen des Engländers Watson basierte.

1883 lief der mit Gas betriebene 1/4 PS starke Motor mit 600/min zum ersten Mal. Es folgte der bereits erwähnte Prozess gegen Nikolaus Otto, der 1886 die Freigabe der Otto-Patente zur Folge hatte. Zwar hatte Daimler seit 1883 versucht, Teile dieser Patente von der Gasmotoren-Fabrik Deutz AG anzukaufen, dieses Ansinnen war jedoch abgelehnt worden, und so konnten sich Daimler und Maybach nun ihrerseits ihre Verbesserungen patentieren lassen. Sie hatten bereits am 29. August 1885 vorgesorgt und eine Patentschrift beim Kaiserlichen Patentamt in Berlin eingereicht, die – mit zwölf Zeichnungen aus der Hand von Wilhelm Maybach – das Reitrad, das erste Motorrad der Welt, beschrieb. Am 10. November 1885 fuhr der älteste Sohn des Hauses, Paul Daimler, mit dem Reitrad von Bad Cannstatt nach Untertürkheim. Anfang 1886 bekam auch eine Kutsche der Wagenbaufirma Wimpf & Sohn, dem königlichen Hoflieferanten zu Stuttgart, einen 1,1-PS-Motor verpasst.

Daimler hatte anfänglich noch nicht allzu viel Vertrauen in die Motorkutschen, er baute zuerst hauptsächlich Motorboote, Schienenwagen und Draisinen, Stromaggregate und Feuerspritzen – 1888 wurde sogar versucht, einen Fesselballon mit Motorhilfe in ein lenkbares Luftgefährt zu verwandeln. Offiziell tauchte die Motorkutsche das erste Mal im Jahr 1888 in der *Schwäbischen Chronik* auf, die am 16. August berichtete: „Nun werden die Versuche auch auf ein Straßenfuhrwerk, eine Droschke, ausgedehnt." Und am 17. Juli 1888 beantragte Daimler seine erste Fahrgenehmigung für „eine viersitzige, leichte Chaise mit einem kleinen Motor".

1889 konstruierte Maybach den ersten Zweizylinder, der schlicht und einfach aus zwei der bewährten Einzylinder bestand, die in einem V-Winkel von 17° montiert wurden – die Leistung betrug etwa 2 PS. Auf der Pariser Weltausstellung im gleichen Jahr war es dann so weit: Der Stahlradwagen – eine leichte vierrädrige Kutsche mit einem Gewicht von nur 300 Kilogramm – feierte Premiere. Dies war die erste organische Verbindung zwischen Fahrgestell und Motor, der Maybach – gegen den Willen Daimlers – ein Viergang-Zahnradgetriebe, eine Vollgummibereifung und eine gemeinsame Lenkstange der beiden Fahrradgabeln beigesteuert hatte. Mit diesem Fahrzeug hatten Daimler und Maybach die Konstruktion des Automobils grundsätzlich definiert.

› Karl Benz zieht gleich

Karl Benz, der zweite Pionier, wurde am 25. November 1844 in Karlsruhe in eine Handwerkerfamilie hineingeboren. Sein Vater, einer der ersten Lokomotivführer, starb vor der Geburt

Karl Benz und seine Kinder: Richard, Thilde, Ellen, Klara und Eugen (v.l.) – die Aufnahme entstand 1894 auf dem Fabrikhof in Mannheim.

Die erste Werbung der „Benz & Co.-Rheinische Gasmotorenfabrik" versprach ein „absolut geräuschloses" arbeitendes Triebwerk.

des Sohnes, und die Mutter sorgte dafür, dass der naturwissenschaftlich begabte Karl das Lyceum und die polytechnische Schule in Karlsruhe besuchen konnte. 1864 trat er eine Stelle als Lehrling bei der Karlsruher Maschinenfabrik an; drei Jahre später verließ er sie mit einem Abschluss – nur zwei Jahre, bevor Daimler dort seine Stellung antrat.

Benz ging als Werkführer zu einer Brückenbaufirma nach Pforzheim, lernte seine spätere Frau, Bertha Ringer, kennen und gründete, nachdem seine Frau sich vorzeitig ihr Erbe hatte auszahlen lassen, die Firma „Karl Benz, Eisengießerei und mechanische Werkstätte". Die Geschäfte gingen schlecht, die Ersparnisse schmolzen dahin – 1877 konnte Benz ein Darlehen von 2000 Mark nicht mehr zurückzahlen.

Auch Benz erkannte in dieser verzweifelten Situation, dass er etwas Neues erfinden müsse, um aus seinen Schwierigkeiten zu kommen, und auch ihm wurde klar, dass die kleine, handlich-praktische Kraftquelle, die die Industrie von morgen benötigen würde, noch immer nicht erfunden worden war. Also machte er sich an den Verbrennungsmotor.

Er versuchte sich allerdings am Zweitaktmotor, den er nach viel Feinarbeit in der Silvesternacht 1879 tatsächlich zum Laufen brachte. Bis 1882 hatte er auch genügend Geldgeber zusammen, um die „Aktiengesellschaft Gasmotorenfabrik in Mannheim" zu gründen, aus der er aber schon im Dezember dieses Jahres wieder austrat. Diese AG hat übrigens bis zum Jahr 1893 Zweitaktmotoren nach seinen Patenten gebaut, ohne ihm dafür einen Pfennig zu bezahlen.

Am 1. Oktober 1883 gründete er dann die Firma „Benz & Co.", die bald so viel Gewinn abwarf, dass sich Benz mit seinem Gedanken eines kleinen Fahrzeugmotors befassen konnte – und da mittlerweile Otto seine Patente verloren hatte, konnte sich der Praktiker Benz ganz auf dessen Viertaktprinzip konzentrieren, das er mittlerweile als die bessere Lösung erkannt hatte. 1885 begann die Konstruktion des Benz-Patent-Motorwagens, der mit seinem Stahlrohrrahmen und einem 954 ccm großen Einzylindermotor mit 0,9 PS Leistung im Sommer 1886 zum Laufen kam. Benz hatte die Form des Dreirads gewählt, da er sich über die Steuerung noch nicht im Klaren gewesen war – doch auch das Dreirad lief: Die Badische Landeszeitung berichtete am 3. Juli 1886: „Ein Velociped, welches von der Firma Benz & Co. konstruiert wurde, wurde heute auf der Ringstraße probiert, und die Probe soll zufriedenstellend ausgefallen sein."

Seinen Kompagnons wurde die Entwicklung immer unheimlicher; sie baten Benz, die Weiterentwicklung aufzugeben. Natürlich konnte und wollte dieser nicht mehr zurück, deshalb zog er wieder einmal die Konsequenzen und suchte sich neue Teilhaber. Friedrich von Fischer und Julius Ganß hießen die neuen Geldgeber, die bereit waren, in die Entwicklung der neuartigen Motorwagen zu investieren.

Als sich Karl Benz von seinem bisherigen Partner Max Rose verabschiedete, flüsterte dieser ihm ins Ohr: „Lassen Sie bloß die Finger von diesem verdammten Motorwagen!" Aber dazu war es zu spät; Benz hatte die Chancen des neuen Verkehrsmittels bereits zu klar erkannt.

Dabei entbehrten die ersten Versuche nicht einer gewissen Komik: So musste der erste Wagen, der lediglich über einen Gang verfügte und der noch keine Kupplung hatte, angeschoben werden, damit er überhaupt zum Laufen kam. Außerdem hatte Benz – sich der Feuergefährlichkeit von Benzin wohl bewusst – erst gar keinen Benzintank montiert, sondern seinen Sohn Eugen mit einer Benzinflasche ausgestattet. Der junge Mann musste dem Wagen nachlaufen, „um nachzuschütten, wenn das Benzin zu Ende ging" – wie es der Vater in seinen Memoiren beschrieb.

Obwohl Benz seinen Wagen auf etlichen Ausstellungen zeigte und die Zeitungen viel über ihn berichteten, war es schwer, Käufer zu finden. Der erste Interessent wurde – kurz vor der Auslieferung des Wagens – in eine Irrenanstalt eingeliefert. Dies entmutigte Benz jedoch nicht – er hatte mit Daimler gleichgezogen, das Auto war geboren.

Mit diesem Werbeblatt machte Gottlieb Daimler erstmals auf seine Erzeugnisse aufmerksam – sein Slogan: „Bei Kauf Probefahrt gratis" (r.).

Wie bereits gesagt: Landpartien waren rasch groß in Mode – hier fahren im vorderen Fahrzeug Klara und Thilde Benz, während auf dem zweiten Fahrzeug Richard Benz zu erkennen ist, der gerade seinen Militärdienst leistete. Der Weg führte von Mannheim über Schriesheim nach Grossachsen an der Bergstraße.

Die ersten Gehversuche

Im August 1888 unternahm Bertha Benz mit ihren beiden Söhnen die erste Fernfahrt der Welt – die Reise ging von Mannheim zu den Eltern von Bertha Benz nach Pforzheim. Karl Benz wusste nichts von dem Ausflug, der zu einem richtigen Abenteuer geriet – schließlich gab es weder Tankstellen noch Werkstätten.

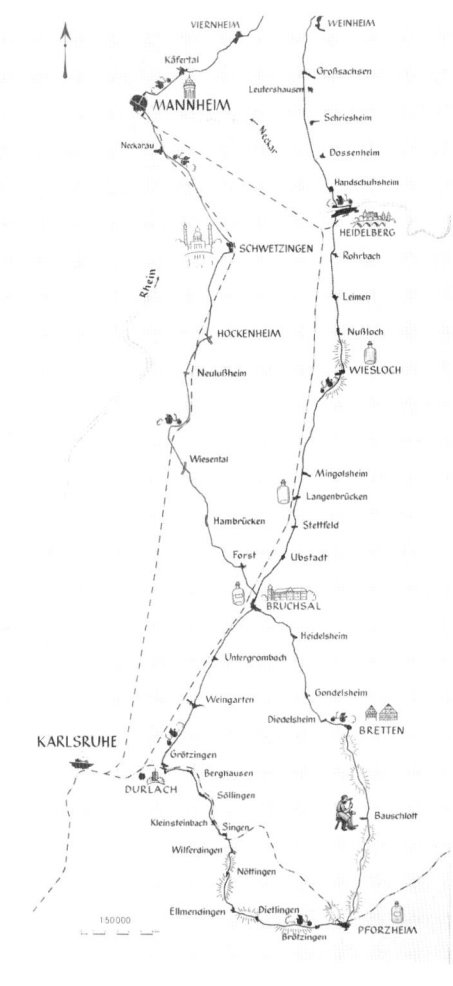

Dies ist der Ausweis, den Gottlieb Daimler als Aussteller auf der Weltausstellung in Chicago im Jahr 1893 erhielt.

Es war keineswegs so, dass die Menschheit auf das Automobil gewartet hatte – und auch die Pioniere verkauften die ersten schnell laufenden Motoren zumeist für Boote, für Feuerwehrspritzen, für Eisenbahnen. So sollte es Bertha Benz vorbehalten bleiben, die erste Langstrecken-Fahrt durchzuführen.

› Bertha Benz' erste Fernfahrt

Im August des Jahres 1888, zur Zeit der Schulferien der Söhne Eugen und Richard, standen Mutter und Söhne frühmorgens auf; die Abfahrt war auf fünf Uhr festgesetzt worden, da Vater Benz zu dieser Zeit noch schlief und man ihm von diesem Ausflug nichts erzählen wollte. Der Weg führte die drei nach Pforzheim, zum Haus der Großmutter. Da der Einzylindermotor vor allem bei Steigungen gerne streikte, wurde eine Strecke ausgesucht, die möglichst wenig Schwierigkeiten bot. Dennoch musste öfters angehalten und geschoben werden, und genauso mühselig gestaltete sich die Suche nach Benzin und Wasser – schließlich wurde der Treibstoff nur in Apotheken verkauft. Das Wasser musste in größeren Mengen herbeigeschafft werden, da das Kühlungssystem des Motors keineswegs perfekt war. Wenn der Benzinzufluss zum Vergaser verstopfte, griff Bertha Benz zur Haarnadel, um die Öffnungen freizulegen; bei einem Kurzschluss der elektrischen Leitung sorgte ihr Strumpfband für die Isolierung, und als die mit Leder bezogenen Bremsbeläge verschlissen waren, montierte ein Schuster neue Lederbänder. Als der Abend hereingebrochen war, erreichte das Trio kurz vor Pforzheim den Gasthof „Post" und sandte dem Vater ein Telegramm, das ihm von der ersten Fernfahrt eines Automobils berichtete. Karl Benz war keineswegs böse, sondern freute sich vielmehr über diesen Beweis der Leistungsfähigkeit seines Wagens.

Wer sich im vergangenen Jahrhundert ein Automobil zulegte, war Pionier – er betrat Neuland. Er musste sich gegen Pferdegespanne behaupten. Ein englisches Gesetz forderte sogar, dass vor jedem Wagen ein Mann mit einer roten Flagge einhergehen müsse, um den normalen Verkehr vor diesen Ungeheuern zu warnen. Das Straßennetz war praktisch nicht existent, an Reparaturwerkstätten war nicht zu denken,

Der legendäre Stahlradwagen von hinten – hier ist der aufrecht
montierte Einzylinder besonders gut zu erkennen.

Ersatzteile schmiedete man besser selber, und die Preise für
diese Fahrzeuge waren extrem hoch: Der Benz-Patent-
Motorwagen Modell 3, von dem etwa 25 Exemplare herge-
stellt wurden, kostete die stolze Summe von 3000 Mark.

› Fortschritte in Frankreich

Es waren die Franzosen, die das Automobil groß machen sollten: Der Stahlradwagen, den Gottlieb Daimler 1889 auf der
Weltausstellung in Paris gezeigt hatte, fand das Interesse von
Madame Sarazin, die Daimler bereits seit etlichen Jahren bekannt war. Ihr im Jahr 1887 verstorbener Mann war der Vertreter der Gasmotoren-Fabrik Deutz für Frankreich gewesen;
er hatte den Weg von Daimler aufmerksam verfolgt und alle
deutschen Patente zur Auswertung in Frankreich und zur Er-
teilung französischer Patente übertragen bekommen.

Sarazin hatte außerdem Kontakte mit Emile Levassor
aufgenommen, der seinerseits wiederum kurz zuvor Gesell-
schafter der Firma Perin, Panhard & Cie. geworden war.
Sarazin wollte dieser Firma nun die Motoren von Daimler
anbieten – sein Tod am 24. Dezember 1887 kam dem Ver-
tragsabschluss jedoch zuvor. Die Firma Panhard & Levassor
(Perin war ebenfalls verstorben) fragte nun bei der Witwe
Sarazin an, ob sie die Rechte am Daimler-Motor haben könnte – das Ergebnis der Verhandlungen war ein Vertrag, der zum
1. November 1889 Frau Sarazin die Auswertung aller
französischen und belgischen Patente abtrat.

Madame Sarazin verkaufte dann ihrerseits die Rechte
zur Fabrikation nach den Daimler-Patenten gegen die Zah-
lung einer Lizenzgebühr von 20 Prozent an die Firma Panhard
& Levassor. Am 17. Mai 1890 schließlich heiratete Emile
Levassor die Witwe Sarazin – und so wurden die Beziehungen zwischen den Firmen Daimler und Panhard & Levassor
noch enger.

Armand Peugeot, der ab 1889 zusammen mit Léon
Serpollet Dampfdreiräder gebaut hatte, begann ebenfalls – mit
einer Daimler-Lizenz – Automobile zu bauen. 1895 hatte er
bereits einen eigenen Zweizylinder (Konstrukteur: Louis
Rigoulot) im Programm, und zur Jahrhundertwende gab es bereits eine Modellpalette mit Hubräumen von 0,8 bis 5,8 Liter.

Figure 217. – MM. Panhard et Levassor sur la première voiturette Daimler, apportée à Paris en 1890 47292º

Stolz präsentieren die
Herren Panhard und
Levassor das erste
Fahrzeug von Gottlieb
Daimler, das im
Sommer 1890 in Paris
vorgestellt wurde.

Relativ rasch erkannten die Franzosen nicht nur die Vorzüge des Automobils, sie begannen auch damit, mit viel Werbung für Kunden zu sorgen – hier ein historisches Werbeplakat von Peugeot.

Armand Peugeot begann 1889 mit dem Bau eigener Automobile – dem Stil der Zeit entsprechend hatten die Gefährte aber noch einen stark mit dem Kutschenbau verwandten Aufbau.

In der Frühzeit des Automobils war das Fahren noch harte Arbeit – kein Wunder, dass sich Gottlieb Daimler hier lieber von seinem Sohn chauffieren lässt.

Den entscheidenden Anteil an der Konstruktion des Automobils in der uns heute geläufigen Form muss man jedoch Panhard & Levassor zuschreiben: Hier wurden zum ersten Mal der Motor nach vorne und das Differenzial nach hinten gelegt. Emile Levassor führte bei seinen Automobilen das Lenkrad und die geneigte Lenksäule ein. Das Kupplungspedal, der Einsatz von Luftreifen und Röhrenkühler waren weitere Beiträge für das moderne Automobil.

› Gottlieb Daimler expandiert

Obwohl Gottlieb Daimler die Bedeutung des Automobils noch immer nicht in seinem vollen Umfang erkannt hatte – er wollte hauptsächlich Motoren verkaufen –, errichtete er in verschiedenen Ländern Vertretungen. 1890 ging er nach Wien, 1893 gründete er zusammen mit dem britischen Ingenieur Frederick Simms die mit einem Stammkapital von 6000 Pfund Sterling – das war die Geburtsstunde der britischen Automobilindustrie. Mittlerweile gehört diese Daimler-Gesellschaft zu Jaguar.

In Italien hatte Daimler erstmals 1891 in Palermo eine Straßenbahn in Betrieb genommen; ein Jahr später fuhr ein 4-PS-Daimler-Motorboot in knapp zwei Wochen rund um Sizilien. Die Firma „Brena & Ricordi" in Mailand hingegen vertrat die Interessen von Karl Benz. Ein Mann, der im Jahr 1892 erstmals einen Daimler-Motor zu sehen bekam, war der 1865 geborene Giovanni Agnelli. Er verließ seine sichere Position als Offizier beim italienischen Militär, begeisterte seine Freunde – darunter David Federman, den Turiner Generalvertreter des Hauses Daimler – und überzeugte etliche einflussreiche und vermögende Männer, eine italienische Automobilindustrie aufzubauen. Im Juli 1899 wurde die Fabbrica Italiana Automobilé Torino gegründet – die unter der Abkürzung FIAT heute eines der wichtigsten Unternehmen Italiens ist.

Die bereits 1890 in Wien gegründete Daimler-Motoren-Gesellschaft wurde am 25. Juli 1899 zur „Österreichischen Daimler-Motoren-Kommanditgesellschaft Bierenz, Fischer & Co." erweitert, und der älteste Sohn, Paul Daimler, übernahm die technische Leitung des Hauses.

Diese Tochtergesellschaft war außerordentlich innovativ – so konstruierte man Allradwagen, und im Jahr 1906 wurde ein neuer Mann Chefkonstrukteur des Hauses: Ferdinand Porsche. Der 1875 als Sohn eines Spenglermeisters geborene Ferdinand Porsche, der bereits im Alter von 25 Jahren Chefkonstrukteur beim k. u. k. Hofwagenlieferanten Ludwig Lohner geworden war, ersetzte Paul Daimler, der in Stuttgart den Posten von Wilhelm Maybach übernehmen musste, da dieser zum

31. März 1907 gekündigt hatte. Porsche, der zu damaligen Zeiten auch selbst am Lenkrad seiner Konstruktionen saß – er gewann 1910 die Prinz-Heinrich-Fahrt –, blieb bis 1923 in Wien; dann ging er als Chefkonstrukteur und technischer Vorstand zu Daimler nach Stuttgart, wo er bis 1929 einige herausragende Fahrzeuge auf die Räder stellte.

Auch in den Vereinigten Staaten sorgten Daimler und Benz für die Initialzündung: Im August 1888 hatte William Steinway, der Inhaber der Pianofabrik Steinway & Sons, erste Gespräche mit Gottlieb Daimler über den Vertrieb dieser neuartigen Fahrzeuge geführt. Das Ergebnis war die Gründung der „Daimler Motor Company" mit Sitz in New York, die am 29. September desselben Jahres beschlossen wurde. Die Produktion nach den Patenten des Deutschen begann im Jahr 1891 bei der „National Machine Company Hartford, Connecticut". Karl Benz machte am 2. November 1895 in einer Werbebroschüre auf seine Produkte aufmerksam, als Oscar Mueller auf seinem Benz „Vis-a-Vis" die erste Zuverlässigkeitsfahrt, die von der Zeitschrift *Times Herald* veranstaltet wurde, nach einer Fahrzeit von 8 Stunden und 44 Minuten gewann.

› Der Siegeszug geht weiter

Die beiden Deutschen hatten innerhalb von wenigen Jahren die Idee des Motorwagens in viele Länder gebracht; es war klar, dass nun eine Vielzahl von begabten Ingenieuren und zukunftsorientierten Unternehmern für den Siegeszug des Automobils sorgen würden.

Am schnellsten reagierten, wie bereits erwähnt, die Franzosen.

Panhard & Levassor bewältigten den Schritt von der Kutsche mit Hilfsmotor hin zum Automobil; Armand Peugeot entwickelte in nur zehn Jahren ein ganzes Baukastensystem von verschiedenen Motoren, und am 24. Dezember 1898 verkaufte der 21-jährige Louis Renault sein erstes selbst konstruiertes Automobil für 40 Louisdor an einen Freund seines Vaters. Renault hatte bei diesem Modell zwar noch auf ein 0,75 PS starkes De-Dion-Dreirad zurückgegriffen, hatte aber diese Konstruktion mit einem vierten Rad ausgestattet und zudem noch – als erster Produzent der Welt – den Kettenantrieb durch eine Kardanwelle ersetzt.

Die Fahrzeuge von Albert Graf de Dion und seinem Kompagnon Georges Bouton galten gegen Ende des 19. Jahrhunderts als richtungweisend. 1894 hatten sie den ersten hochtourigen Benzinmotor der Welt (Einzylinder mit 1 PS Leistung bei 1500/min) vorgestellt, dazu kam zwei Jahre später

Mit diesem Modell begann im Jahr 1899 die Firma FIAT („Fabbrica Italiana Automobili Torino") ihren Aufstieg. Angetrieben wurde das „Vis-à-Vis"-Modell von einem 3,5 PS starken Zweizylinder-Motor.

Das erste von Ferdinand Porsche gebaute Fahrzeug war der „Lohner"-Wagen des Jahres 1900, bei dem zwei Elektromotoren in den vorderen Radnaben bei 120/min jeweils 2,5 PS leisteten.

Kurz vor der Jahrhundertwende entstand der Benz „Ideal" mit einem Einzylindermotor, der aus 1140 ccm immerhin fünf PS abgab – und 30 bis 35 km/h Höchstgeschwindigkeit erreichte.

die De-Dion-Achse, die über Jahrzehnte hinweg als teure, aber wirkungsvolle Achskonstruktion etlichen Hochleistungswagen zu Komfort und Straßenlage verhalf.

Louis Renault hatte einen Blitzstart: Er gründete zusammen mit seinem Brüdern Marcel und Fernand in Billancourt die „Societé Renault Frères" und verkaufte 1899 bereits 80 Autos – darunter den ersten geschlossenen Pkw. Im Jahr 1900 gewannen Louis und Marcel ihre ersten Rennen, 1902 sorgte ein 32-PS-Vierzylinder für den Sieg beim Rennen Paris – Wien, 1906 wurde mit einem 13-Liter-Vierzylinder der erste Grand Prix der Geschichte gewonnen – und 1913 wurden bereits 11.000 Automobile gebaut und verkauft.

Die Zahl der Autofirmen stieg immer weiter an: Viele sind mittlerweile wieder in Vergessenheit geraten – wer kennt noch die englische Firma Alldays, die von 1898 bis 1918 bestand? Oder den Franzosen Amédée Bollée, der von 1885 bis 1922 an den Sieg des Dampfwagens glaubte – und dann seine Fabrik schließen musste. Der Amerikaner Baker hingegen setzte auf den Elektrowagen, ab 1899 verkaufte er seine – knapp 35 km/h schnellen – Modelle; 1916 musste er die Produktion einstellen. Der Verbrennungsmotor war schneller, leichter, sparsamer.

Einer der frühen Vertreter des britischen Automobilbaus: Ein Wolseley aus dem Jahr 1899. Diese renommierte Marke wurde in dem selben Jahr gegründet und stellte 1976 die Produktion ein.

› Mehr Komfort, mehr Leistung

Im Laufe der Jahre wurden die Automobile komfortabler: Daran war zum großen Teil der irische Tierarzt John Boyd Dunlop Schuld, dem 1888 das Patent für einen mit Luft aufzupumpenden Reifen erteilt wurde. 1895 tauchte der „Dunlop"-Reifen an einem Panhard & Levassor-Wagen zum ersten Mal auf. Im gleichen Jahr starteten die Brüder Andrée und Edouard Michelin mit derartigen Pneus auf ihrem Peugeot beim Rennen Paris – Bordeaux – Paris. Die Konkurrenz betrachtete die Weiterentwicklung der beiden Brüder mit Wohlwollen, es wurden etliche Bestellungen erteilt, und daraus entstand eine Reifenfirma von Weltgeltung.

Da bei der Kundschaft der Ruf nach mehr Leistung erscholl (und daran hat sich bis heute wenig geändert), konnten sich die Hersteller nur noch mit mehr Zylindern und einer drastischen Vergrößerung des Hubraums behelfen. Deshalb hatte Daimler 1896 den ersten Vierzylindermotor gebaut, der bei Panhard & Levassor zum Einsatz kam. Im Phoenix-Wagen von 1899 kam dann dieser 1,8-Liter-Motor mit 6 PS Leistung ebenfalls zur Montage. Die normalen Vierzylinder besaßen zwischen drei und fünf Liter Hubraum, Sport- und Luxuswagen hingegen konnten durchaus acht, zehn oder zwölf Liter Hubraum haben – aus vier Zylindern natürlich!

Bereits 1896 begann Ransom Eli Olds in Lansing (Michigan) seine ersten Einzylinder-Fahrzeuge zu verkaufen. Ab 1901 trugen seine Autos dann den Namen Oldsmobile – hier ein Typ „Curved Dash" aus dem Jahr 1902.

Die Erfindungen folgten Schlag auf Schlag: 1897 stellte F. W. Lanchester das erste Automobil mit einem Zweigang-Planetengetriebe vor, Mors in Paris zeigte seinen mit Luft und Wasser gekühlten Vierzylindermotor in V-Form und einem Bauwinkel von 45°, und die Firma Gräf & Stift in Wien (die dadurch traurige Berühmtheit erlangte, dass in einem der Fahrzeuge dieses Hauses im Jahr 1914 der Thronfolger Franz Ferdinand in Sarajevo ermordet wurde) baute auf der Basis einer De-Dion-Voiturette das erste Automobil mit Frontantrieb.

1898 kam von Decauville das erste Fahrzeug mit einzeln aufgehängten Vorderrädern – trotzdem musste 1910 die Produktion wieder eingestellt werden. 1899 stellte Amédée Bollée den ersten Monobloc vor, den ersten Vierzylinder, bei dem ein gemeinsamer Zylinderblock alle vier Zylinder umschloss. Zwar nicht der erste Vierzylindermotor überhaupt (schließlich hatte Gottlieb Daimler schon 1896 einen Motor dieser Art für Panhard & Levassor entwickelt), war die Konstruktion von Bollée jedoch zukunftsweisend, da mit der Zusammenfassung der einzelnen Zylinder in einem gemeinsamen Motorblock die Massenproduktion künftiger Jahre entscheidend erleichtert wurde.

Weitere Neuigkeiten: Hiram Maxim und James Ward Packard in den USA montierten bei ihren Modellen erstmals eine automatische Zündverstellung, die das permanente Nachregulieren mit dem Handgaszug überflüssig machte. 1901 hatten die Mercedes-Typen, die nach dem Tod von Daimler nun unter Maybachs Regie entstanden, erstmals Drosselklappen zur Regulierung der Drehzahl, dazu zwei seitlich liegende Nockenwellen zur Steuerung der Ventile und eine Kulissenschaltung, bei der der Fahrer genau erkennen konnte, wohin der Ganghebel bei einem Wechsel zu führen war.

1902 schließlich führte Robert Bosch, dem der spätere Bundespräsident Theodor Heuss eine bemerkenswerte Biographie mit dem Titel „Robert Bosch – Leben und Leistung" widmen sollte, die Hochspannungs-Magnetzündung ein.

Immer mehr Details wurden entwickelt; das Auto erlebte jedes Jahr neue Metamorphosen – es war nun dabei, seine endgültige Form anzunehmen.

Der Stolz der Sammlung des Renault-Museums: der erste 1898 gebaute Typ A – hier wird die Lenkung noch mit einer Stange betätigt, bereits ein Jahr später kam dann ein Lenkrad zum Einsatz.

Bei dem Daimler „Phoenix"-Wagen wurde der Motor erstmals vorne angeordnet, zudem bekam er als erstes Modell ein Viergang-Zahnradwechselgetriebe. Bedeutungsvoll war auch der Einbau eines neuartigen Kühlers, der die Voraussetzung für den Bau von Hochleistungsmotoren schuf.

Daimler-Motoren-Gesellschaft CANNSTATT

Bauprogramm im Jahre 1896

Das Bauprogramm der Daimler-Motoren-Gesellschaft von 1896 zeigt die große Vielfalt, die dieses Unternehmen bereits zehn Jahre nach dem ersten Automobil für den Markt produzierte.

Automobile allüberall

Keine Frage, dem Automobil stand eine glänzende Zukunft bevor – die Firma C.G.V. in Paris baute den ersten Reihenachtzylinder-Motor, indem sie einfach zwei Vierzylinder hintereinander montierte, und die ebenfalls in Paris ansässige Firma Truffault machte sich durch die Einführung des Reibungsstoßdämpfers um den Komfort der Passagiere verdient. F. W. Lanchester ließ sich die Scheibenbremse patentieren (die allerdings erst in den 50er Jahren ihren Siegeszug antrat), und die Firma Maudslay beschloss, die Nockenwelle nach oben zu verlegen (ohc) und die Druckschmierung einzuführen.

Nachdem sich die Pneus der Brüder Michelin immer weiter durchsetzten (und etliche Konkurrenzunternehmen auf den Plan gerufen hatten), war zwar der Komfortgewinn unbestreitbar, der Pneuwechsel als solcher jedoch noch immer ziemlich lästig, bis im Jahr 1905 die abnehmbare und auswechselbare Felge den Ärger etwas reduzierte. 1908 kam dann die berühmte Rudge-Felge mit Zentralverschluss auf den Markt, die über Jahrzehnte hinweg das Optimum an Komfort bot. Das heute noch übliche Scheibenrad, mit Bolzen befestigt, wurde 1910 von der Sankey Company entwickelt. Zu dieser Zeit hatte sich auch Mister Herbert Frood aus Chapel-en-le-Frith neuartige Bremsbeläge ausgedacht, die unter dem Namenszeichen Ferodo die bis dahin gebräuchlichen Beläge aus Leder, Holz, Pressfasern oder Kamelhaargewebe durch seine Konstruktion aus geklebtem oder gewebtem Asbest ersetzten.

› Frühe Pioniere in Großbritannien

Nachdem die Firma Adler, die von 1900 bis 1907 in Paris existierte, im Jahr 1903 den ersten Achtzylinder-V-Motor vorgestellt hatte – der allerdings nur in kleinsten Stückzahlen produziert wurde –, war der Weg zum mehrzylindrigen Motor nicht mehr aufzuhalten. Napier in Großbritannien brachte 1904 einen 5-Liter-Reihensechszylinder mit 40 PS Leistung auf den Markt – den ersten Großserienmotor dieser Art. Montague Napier, der ab 1896 – zuerst mit umgebauten Panhard & Levassor-Modellen – eine eigene Produktion begann, galt bis 1924 neben Rolls-Royce als edelster Hersteller Englands; vor dem Ersten Weltkrieg bot er die größte Typenvielfalt, seine Modellplatte umfasste Modelle von 1,5 bis 15 Liter Hubraum. Nach 1924 stellte Napier dann nur noch Flugzeugmotoren her, die allerdings noch zuweilen Weltrekord-Fahrzeuge antreiben durften – so fuhr der Brite John R. Cobb am 16. 9. 1947 auf dem Salzsee in Utah mit seinem Railton Mobil Special 633,803 km/h schnell. Und dieser „Railton Special" war von zwei Napier-"Lion"-Flugmotoren angetrieben.

In England gab es aber noch mehr Pioniere: Percy Riley beispielsweise. Der Sohn eines Fahrradindustriellen aus Coventry bastelte 1897 aus Teilen der väterlichen Produktion und einem De-Dion-Einzylindermotor ein erstes Wägelchen zusammen. 1903 hatte er bereits einen (wahlweise) mit Luft oder Wasser zu kühlenden V2-Zylinder mit 517 ccm im Programm, und 1906 lieferte er als erster Hersteller der Welt serienmäßig die gerade erfundenen abnehmbaren Speichenräder. Nach dem Ersten Weltkrieg baute er den Riley 11, einen 1,5-Liter-Kleinwagen (für damalige Verhältnisse waren 1,5 Liter Hubraum kaum der Rede wert) mit 35 PS Leistung, der neben seinen Leichtmetallkolben das Publikum besonders dadurch begeisterte, dass nur noch sechs Schmierstellen zu betätigen waren.

Die Konstrukteure dieser Pionierzeit wagten sich an nahezu jede Aufgabe: 1905 stellte der belgische Produzent Pipe den ersten Motor mit zwei oben liegenden Nockenwellen vor; Rover in Coventry – von dem Fahrradproduzenten John Kemp gegründet – ließ sich von dem ehemaligen Daimler-Konstrukteur Edmund Lewis einen 1,3-Liter-Einzylinder entwerfen, der mit einer Nockenwellenverstellung (die als Motorbremse gedacht war) und dem Zentralrohrrahmen aus Aluminiumguss, der auch den Motor, das Kupplungsgehäuse und das Getriebe aufnahm, ausgestattet war. Zwar wurde dieser Zentralrohrrahmen rasch wieder aus der Produktion genommen und gegen ein konventionelles Fahrgestell ausgetauscht, der Weg war jedoch gezeigt.

In diesen Jahren wurde auch eine weitere Legende geboren: Die Herren Charles Stewart Rolls und Frederick Henry Royce beschlossen, den von Royce entworfenen 1,8-Liter-Zweizylinder mit 10 PS Leistung gemeinsam an den Mann zu bringen. Da Rolls die richtigen Leute kannte und Royce hervorragende Autos baute, fing das Geschäft problemlos an; zwei Jahre später kam dann der Silver Ghost

Percey Riley begann 1897 damit, sein erstes Automobil aus Fahrradteilen zusammen zu bauen. Rasch war er seiner Zeit weit voraus – so begann er 1908 damit, als Erster abnehmbare Speichenräder zu montieren.

1904 wurde eine weitere Legende gegründet: Der erste Rolls-Royce – mit einem 10 PS starken Zweizylindermotor – entstand bis 1910 in 16 Exemplaren, von denen noch drei existieren.

Die Marke Austin entstand im Jahr 1906, als sich Herbert Austin, ein studierter Bauernsohn aus Buckinghamshire, in Longbridge bei Birmingham selbständig machte – hier ein Austin „Town Carriage" von 1910.

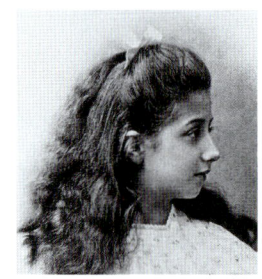

Emil Jellinek trieb mit seinen Aufträgen für technisch innovative Fahrzeuge an Gottlieb Daimler und Wilhelm Maybach die Autoentwicklung voran. Seine Tochter Mercedes (r.) gab den so entstandenen Modellen ihren Namen.

(7-Liter-Sechszylinder mit 50 PS Leistung) auf den Markt, der den bis heute währenden Ruf des Hauses begründete. Er war nahezu unverwüstlich; der heute in RR-Besitz befindliche Wagen mit der Fahrgestell-Nr. 60551 hat mittlerweile weit über eine Million Kilometer zurückgelegt und macht noch immer PR für die Firma. Rolls, der eine große Schwäche für die Fliegerei hatte, kam 1910 bei einem Flugzeugunglück ums Leben – die Firma im englischen Crewe besteht jedoch bis heute und baut noch immer „das beste Automobil der Welt" – so jedenfalls die Firmenmeinung.

Der Mercedes „Simplex" schrieb mit seiner fortschrittlichen Technik Automobilgeschichte. Der Vierzylinderwagen wurde während seiner Produktionszeit von 1903 bis 1919 stetig weiterentwickelt.

› Der erste Mercedes

1906 baute Daimler an einem Mercedes-Modell erstmals probeweise Vorderradbremsen ein. Der Name Mercedes kam von der Tochter des Österreichers Emil Jellinek, eines erfolgreichen Geschäftsmannes, der an der Côte d'Azur lebte und dort mit Begeisterung an Autorennen teilnahm. Er hatte um die Jahrhundertwende – wohl wissend, was Wilhelm Maybach in seinen Skizzen bereits entworfen hatte – 36 Fahrzeuge bei der Daimler-Motoren-Gesellschaft bestellt; das war ein Viertel der Jahresproduktion, und die 550.000 Goldmark Kaufpreis wurden prompt überwiesen. Bedingung war jedoch, dass die Fahrzeuge den Namen von Jellineks ältester Tochter Mercedes tragen sollten.

Natürlich kam man dem Wunsch eines solchen Kunden gerne nach, und da die 1893 in England gegründete Daimler Motor Syndicate Ltd. ebenfalls das Recht hatte, den Namen Daimler zu tragen, war man in Stuttgart nicht unfroh, eine neue Abgrenzung gegenüber den Engländern zu haben. So wurde 1902 die Wortmarke Mercedes gesetzlich geschützt, und ein Jahr später bekam Emil Jellinek von der Wiener Statthalterei per Dekret die Genehmigung, sich fortan Jellinek-Mercedes zu nennen. Sein Kommentar: „Wohl zum ersten Mal trägt ein Vater den Namen seiner Tochter."

› Das erste Massenauto kommt aus den USA

Die Firma Chadwick aus Pittsburgh in den USA machte sich im Jahr 1907 daran, einen Wagen mit mechanischer Auflagung in Serie zu bauen. Das Prinzip des von den Brüdern Roots erfundenen Kompressors war zwar schon Mitte des vergangenen Jahrhunderts zum Pumpen von Wasser und Getreide verwendet worden; hier sorgte es jedoch erstmals für die zusätzliche Bereitstellung von Sauerstoff, und da mehr Sauerstoff eine bessere Verbrennung und damit auch eine

Henry Ford war der Mann, der das Fließband in die Automobil-Produktion einbrachte – hier sitzt der spätere Milliardär am Steuer eines A-Modells. Henry Ford gründete sein Imperium 1903 mit einem Startkapital von 28.000 Dollar und 40 Beschäftigten.

höhere Leistung bedeutet, wurde hier ein neuer Weg beschritten, dem bis zum heutigen Tag noch viele Firmen folgen sollten. 1908 stellte die mittlerweile wieder in Vergessenheit geratene Firma Schebler in den USA den ersten 12-Zylinder-V-Motor vor; außerdem wurde erstmals durch Nutzung der Abgaswärme eine Wagenheizung serienreif gemacht.

1908 war aber auch für die Automobilindustrie der USA ein entscheidendes Jahr: Henry Ford, der 1863 bei Dearborn (Michigan) geborene älteste Sohn eines aus Irland eingewanderten Farmers, stellte mit seinem T-Modell – „Tin Lizzy", 2,9-Liter-Vierzylinder und 20 PS Leistung – eines der wichtigsten Modelle der Automobilgeschichte vor. 1912 revolutionierte er den Automobilbau durch die Einführung des Fließbands. Bis zum Jahr 1927 baute man die Lizzy in einer Stückzahl von mehr als 15 Millionen Exemplaren – erst in den 60er Jahren wurde dieser Rekord vom VW Käfer eingestellt. Das T-Modell veränderte den Alltag Amerikas: Es wurde das erste, über ganz Amerika reichende Händlernetz aufgebaut; die meisten der kleinen Hersteller gaben auf, und Ford entwickelte sich zum zweitgrößten Automobilhersteller der Welt.

Noch größer wurde nur noch General Motors, ebenfalls in Detroit ansässig. Ebenfalls im Jahr 1908, in dem Ford – der seine Firma 1903 gegründet hatte – der Welt das erste Massenauto bescherte, schlossen sich die Firmen Buick und Oldsmobile unter der Führung von William C. Durant zusammen. Durant kaufte ein Jahr später noch Cadillac und Oakland (später wurde dieser Firma der Name Pontiac verliehen) dazu. 1917 schloss sich noch Chevrolet an GM an; 1919 kam die größte Karosseriefabrik der Welt (die Fisher Body Corporation) hinzu. Und auch etliche kleinere Firmen konnten sich dem Sog dieses Riesen nicht entziehen: Die erste außeramerikanische Firma war im Jahr 1925 Vauxhall in England, im März 1929 kam die Adam Opel AG in Rüsselheim dazu, und heute ist GM der größte Autohersteller der Welt. 1985 wurde übrigens erstmals eine neue Division gegründet: Die Firma Saturn besteht nun als sechstes Mitglied bei GM und ist für die Produktion der Kleinwagen des Konzerns verantwortlich.

Durant hatte gut gekauft: Oakland besaß in seinem Designer A. P. Brush einen hervorragenden Mann; Ransom Eli Olds, der 1896 in Landsin (Michigan) die Olds Motor Company gegründet hatte, brachte mit seinem Modell Curved Dash von 1901 bis 1905 die meistverkaufte Marke Amerikas. Dann war Olds aus der Firma ausgeschieden (um die Firma REO zu gründen – die bis 1936 existierte), und Durant hatte leichtes Spiel, die bankrotte Firma seinem Imperium einzuverleiben. Buick war von dem eingewanderten Schotten David Dunbar Buick gegründet worden, der 1904 das erste Modell – den Buick B – produziert hatte. Die vierte Marke –

Das Ford T-Model war dank seiner robusten 2,9-Liter-Vierzylinder-Technik nicht nur bis zum Aufstieg des VW Käfers das meistverkaufte Auto der Welt, sondern es hat auch bis heute in erstaunlich vielen Exemplaren überlebt.

Fiat-Boss Giovanni Agnelli vertrat als einer der Ersten die Meinung, Rennerfolge seien die beste Werbung für sein Unternehmen. Im Bild ein Tipo Zero mit wild entschlossenen Fahrern.

Die Fahrzeuge von Vincenzo Lancia zeichneten sich schon früh durch ihre technischen Innovationen aus – hier ein von 1911 bis 1913 gebauter 20/30 HP „Epsilon", dessen 4,1-Liter-Vierzylinder bereits 60 PS leistete.

Eines der skurrilsten – und damals temperamentvollsten – Autos wurde zu Beginn der 30er Jahre von Henry Frederick Stanley Morgan entworfen: der Three-Wheeler. Die schnellsten Exemplare erreichten bis zu 190 km/h.

Der Lancia Theta von 1914 war der erste europäische Wagen mit einer serienmäßigen Elektrik.

Cadillac – kam zu ihrem Namen 1903 durch Henry M. Leland, der die „Detroit Automobil Company" nach einem Gründer von Detroit benannte, dem französischen Einwanderer Antoine de la Morte Cadillac. Leland war an Stelle von Henry Ford an die Spitze des Unternehmens berufen worden (woraufhin Ford seine eigene Gesellschaft gründete) und überzeugte die Kundschaft rasch durch seine aufwendig gebauten Qualitätsautos.

Cadillac galt schon immer als die Spitzenmarke des Hauses GM, die durch etliche technische Neuerungen versuchte, ihrem Ruf über die Jahre hinweg gerecht zu werden: 1912 wurde hier der erste elektrische Starter eingeführt; 1915 gab es den ersten V8-Zylinder in Großserie, und 1930 wurde einer der aufwendigsten Luxuswagen aller Zeiten vorgestellt, ein 7,4-Liter-V16-Zylinder mit 180 PS Leistung. Bis heute gelten die Cadillacs – neben der Luxusmarke des Hauses Ford: Lincoln – als Inbegriff des „american way of driving". Übrigens war auch Lincoln von Henry Leland gegründet worden – und er mußte auch diese Marke nach nur zwei Jahren an Henry Ford verkaufen, da er sich als Einzelkämpfer seine Vorstellungen von Qualität eigentlich gar nicht leisten konnte.

Die fünfte Marke des Hauses GM, Chevrolet, kam unter etwas eigenartigen Umständen in den Besitz des Branchenriesen: Louis Chevrolet, 1878 in Chaux-de-Fonds (Kanton Neuenburg) geboren, bei De Dion-Bouton zum Kfz-Mechaniker ausgebildet, wanderte 1900 nach Detroit aus, wurde dort Rennfahrer und Tuning-Experte (wie man heute sagen würde) und gründete 1911 zusammen mit W. C. Durant – der 1910 von den anderen GM-Anteilseignern aus der Firma gedrängt worden war – eine Firma mit seinem Namen. Der erste Chevrolet entstand 1912, der zweite konnte bereits am Erfolg des Fort-T-Modells kratzen; mit den reichlich einlaufenden Gewinnen kaufte Leland die Mehrheit bei GM zurück und vereinigte 1917 Chevrolet mit seinem früheren Imperium. 1920 musste William Crapo Durant dann ein zweites Mal die Firma verlassen – diesmal ging GM in den Besitz von Pierre du Pont über.

› Rennwagen aus Italien und England

Aber nicht nur in den USA ging es rapide bergauf – bei den Italienern sorgte der von Giovanni Agnelli vorangetriebene Konzern Fiat für die Massenmotorisierung. Agnelli vertrat die Meinung, dass besonders die Erfolge bei Rennen die beste Werbung seien – also siegten Felice Nazzaro beim Kaiserpreisrennen im Taunus, beim Grand Prix von Frankreich 1907 war ebenfalls Nazzaro in Front. Und der mörderische Grand

Prix von 1906, der über 1238,16 Kilometer führte, sah Nazzaro auf Platz zwei und einen gewissen Herrn Vincenzo Lancia auf Platz fünf.

Lancia, der als Versuchsfahrer bei Fiat seine Karriere begonnen hatte, machte sich im Herbst des Jahres 1906 mit dem Geld seines Vaters selbständig und sorgte fortan mit soliden und technisch innovativen Automobilen für Aufsehen: Alpha, Beta, Gamma, Delta und Eta – Lancia benannte seine Modelle streng nach dem griechischen Alphabet. Für die Popularität der Marke waren die vielen technischen Neuerungen verantwortlich, die teilweise für den Automobilbau richtungsweisend wurden. So war der Theta das erste europäische Automobil mit einer serienmäßigen Elektrik (1914); der 1922 eingeführte Lambda besaß die erste selbst tragende Karosserie der Welt und eine neuartige, patentierte Vorderradaufhängung.

In diesen Jahren fanden sich viele neue Unternehmer und Ingenieure, die ihren Beitrag zur Motorisierung stellen wollten. Hier einige Firmen, die überlebt haben: Alfa Romeo begann seine Geschichte 1906, als der Montagebetrieb Anonima Lombarda Fabbrica Automobili gegründet wurde, der dann später, bei der Übernahme durch den Industriellen und Ingenieur Nicola Romeo im Jahr 1920, den endgültigen Namen Alfa Romeo erhielt.

In Großbritannien gründete im Jahr 1920 H. F. S. Morgan eine Autofabrik – obwohl er eigentlich eine Motorradfabrik haben wollte – und lieferte bis 1950 in nahezu unveränderter Form seinen Three-Wheeler aus, der damals zu den schnellsten Rennwagen seiner Zeit gehörte. Heute ist der Sohn des Firmengründers, Peter Morgan, Besitzer der Firma, die sich noch immer durch Sportwagen der alten englischen Schule auszeichnet.

Ein weiterer wichtiger britischer Produzent war Vauxhall, der – wie bereits erwähnt – 1925 in die Hände von General Motors gelangte. Schon vor 1903 war diese Marke von dem schottischen Marine-Ingenieur Alexander Wilson gegründet worden, der sich allerdings zunächst nur mit Dampfmaschinen beschäftigte, bevor er sein erstes Automobil montierte. Wilson hatte das Glück, in Laurence H. Pomeroy einen Konstrukteur zu finden, der nicht nur großes Können besaß, sondern sich auch gut artikulieren konnte. So erwiderte er auf die Behauptungen seines Landsmannes Frederick Lanchester, dass Motordrehzahlen nur bedingt steigerungsfähig seien: „Drehzahlen wiegen und kosten nichts." Dieser Pomeroy, der 1919 nach Amerika auswanderte und dort für die Nobelmarke Pierce-Arrow Automobile entwarf, konstruierte für Vauxhall 1907 einen der ersten Sportwagen überhaupt: den 75 PS leistenden Prince-Henry-Wagen, der bei Rennen nahezu unge-

Um die Jahrhundertwende begannen die Automobile größer und repräsentativer zu werden – hier ein Benz „Parsifal" 16/20 PS Phaeton mit einem Zweizylinder-Triebwerk des Jahres 1903.

Mit ihrem „Quintuplet" begeisterten die fünf „Rüsselsheimer" Ludwig, Fritz, Heinrich, Wilhelm und Carl Opel bei vielen Radsportveranstaltungen ihre Zuschauer.

Nachdem die Opel-Brüder das Unternehmen von Friedrich Lutzmann gekauft hatten, baute dieser in Rüsselsheim 65 Exemplare von dem „Opel Patent-Motorwagen System Lutzmann", der 3,5 PS leistete.

Mit einem verträumten Blick werben Frauen 1903 für den Opel Motorwagen, und sie lesen 1904 begeistert den Opel-Katalog – doch als Käuferinnen kamen sie nicht in Frage. Noch waren Autos Männersache.

Noch konnten sich nur wenige Männer Autos leisten. So mussten für den Opel „4/8 PS Doktorwagen" mit 1,1-Liter-Vierzylindermotor 3950 Mark angelegt werden – der Name zeigt, wer die Kunden waren.

schlagen blieb. Nach dem Ersten Weltkrieg kam dann noch ein 30/98-PS-Wagen auf den Markt, der ebenfalls auf der Rennstrecke bestechen konnte, die Firma dennoch an den Rand des Ruins trieb – und GM übernahm das Werk.

› Und in Deutschland?

Die Firmen Daimler und Benz, die den Auto-Boom ausgelöst hatten, mussten um die Jahrhundertwende starke Rückgänge ihrer Verkaufszahlen hinnehmen. Daran waren ihre Gründer selber schuld: in völliger Verkennung der Bedeutung von Werbung vernachlässigten sie Autorennen und jegliche Form aktiver Auseinandersetzung mit dem Käufer. Anfänglich war es ihnen noch wichtiger gewesen, Feuerwehrpumpen und Bootsmotoren zu verkaufen – und als dann die Franzosen begannen, den Markt mit ihren Fahrzeugen zu überschwemmen, waren die beiden Herren nicht davon zu überzeugen, dass nur die Teilnahme an Rennen jenen technischen Fortschritt demonstrieren könne, den die Kundschaft so schätzt. Noch 1901 verkündete Karl Benz: „Diese seit neuem immer weiter um sich greifende Leidenschaft, andere im Geschwindigkeitswettstreit zu überbieten, um sich schließlich noch mit schnellen Eisenbahnzügen zu messen, gefährdet nicht nur mit Mutwillen das Leben der Fahrer, sondern auch das der übrigen Verkehrsteilnehmer", und er fügte hinzu: „Anstatt an Rennen teilzunehmen, die keinen Gewinn an Erfahrung bringen, sondern vielmehr nur Schäden anrichten, werden wir weiterhin Wert legen auf die Herstellung solider und zuverlässiger Tourenwagen."

Zum Glück der beiden Firmen gab es auch andere Meinungen: Die Söhne Eugen und Richard Benz sorgten dafür, dass immer wieder präparierte Fahrzeuge die Hallen verließen, und Emil Jellinek zwang Daimler geradezu, sportliche Wagen anzubieten.

› Fünf Brüder gründen Opel

Natürlich gab es in Deutschland auch andere Marken – zum Beispiel Opel. Bereits 1862 war der Name aufgetaucht, als Adam Opel, der Sohn eines Rüsselsheimer Schlossermeisters, in einem ausgedienten Kuhstall damit begann, Nähmaschinen zu produzieren. Die fünf Söhne des Hauses, die sich auch als aktive Fahrradfahrer hervortaten, erweiterten die Produktion auf Fahrräder. Im Jahr 1897 übernahmen sie dann den großherzoglich-anhaltischen Hofwagenbaubetrieb von Friedrich Lutzmann, in dem ein Jahr später der erste Opel-Patent-

Motorwagen, System Lutzmann, entstand. Friedrich Lutzmann hatte bereits 1893 seinen ersten 5-PS-Einzylinder – der stark an sein Benz-Vorbild angelehnt war – vorgestellt. Seine Firma in Dessau wurde nun zur Geburtsstätte der Opel-Fahrzeuge, deren Produktion allerdings schnell nach Rüsselsheim abwanderte, um dort nach einem Jahr Bauzeit wegen zu vieler Probleme eingestellt zu werden. Doch so schnell gaben die Opel-Brüder nicht auf – sie konstruierten rasch eigene Modelle und schnitten bereits 1902 beim Kaiserpreis ehrenvoll ab, und die Prinz-Heinrich-Fahrt des Jahres 1909 wurde von Wilhelm Opel auf einem 8-PS-Wagen gewonnen. Obwohl im August 1911 ein Großbrand praktisch die gesamten Fabrikationsanlagen zerstörte, konnte in diesem Jahr bereits der zehntausendste Opel-Wagen ausgeliefert werden.

Einen großen Teil der Opel-Popularität errang der Fahrer Carl Jörns, der auf stets weißen Wagen viele Rennen für die Rüsselsheimer gewann. Der Opel-Doktorwagen erwarb sich den Ruf großer Zuverlässigkeit, die Stückzahlen stiegen ständig an: 1912 baute Opel bereits über 3000 Fahrzeuge, und 1913 war Opel dann der größte Hersteller des Deutschen Reichs. Nach dem Ersten Weltkrieg kam der 12 PS starke Laubfrosch, dessen Leistung auf 14 PS anwuchs und der den Serienbau in Deutschland einleitete. Doch auch die Fahrten mit dem Raketenwagen, die Fritz von Opel (die Familie war vor dem Ersten Weltkrieg noch geadelt worden) auf der Berliner Avus fuhr, konnten den Zusammenbruch der Firma nicht aufhalten. Bei der Weltwirtschaftskrise 1929 ging die Adam Opel AG in den Besitz von GM über – und GM sorgte dann mit seiner Finanzkraft dafür, dass Opel in den 30er Jahren zum größten europäischen Automobilhersteller wurde.

› Klein, aber fein...

Hans-Heinrich von Fersen, einer der besten Kenner der Frühzeit des deutschen Automobils, verzeichnet in seinem Buch *Autos in Deutschland 1885–1920* nicht weniger als 64 verschiedene Hersteller, von denen ganze acht bis heute (teilweise in Fusionen) überlebt haben: Audi, Benz, Daimler, Dixi (als BMW), NSU (mittlerweile bei Audi aus dem Firmennamen gestrichen), Opel, Puch (als Firma in Österreich) und Westfalia (nun nur noch als Wohnwagenproduzent im Geschäft).

Unter den Marken, die im deutschsprachigen Raum seit dieser Zeit wieder aufgeben mussten, waren so klangvolle Namen wie: Adler, Austro-Daimler, Brennabor, Bugatti, Darracq, Delahaye, Deutz, Dürkopp, Dux, Gräf & Stift, Hansa, Horch, Laurin & Klement, Lloyd, Loreley, Mathis, NAG, NAW, Presto,

Mit seinem 2,1 Liter grossen Vierzylindermotor und 24 PS Leistung gehörte der NSU 8/24 PS zur Mittelklasse des Neckarsulmer Angebots. Die Preise lagen zwischen 6200 und 9500 Mark.

Da er Patriot war und aus Lothringen stammte, fügte Eugène de Diétrich später seiner Marke noch den Namen „Lorraine" hinzu – diese noch sehr vom Kutschenbau inspirierte Limousine entstand 1907.

Mit dem Typ „Bébé" schuf Ettore Bugatti 1911 für die Firma Peugeot einen der fortschrittlichsten Kleinwagen dieser Tage – der 855 ccm große Reihen-Vierzylinder leistete bei 2000/min stolze 10 PS. Von 1913 bis 1916 entstanden 3095 Fahrzeuge.

Bis zum Ersten Weltkrieg war der Bau von Automobilen reine Handarbeit – die Zeit des Fließbands sollte erst Mitte der 20er Jahre beginnen. Hier die Produktionsstätte von Peugeot.

Protos, RAF (das bedeutete damals Reichenberger Automobil Fabrik), Rex-Simplex, Standard, Stoewer, Taunus, Victoria, Wanderer, Wartburg (die Marke wurde noch in der Ex-DDR produziert) und Windhoff.

Viele dieser Firmen haben Automobilgeschichte geschrieben: So stellte Heinrich Kleyer, der 1886 die Adler-Fahrradwerke in Frankfurt gegründet hatte, bereits im Jahr 1900 die ersten Fahrzeuge mit Kardan-Antrieb vor – der nur ein Jahr zuvor von Louis Renault erstmals präsentiert worden war. Adler war auch die erste Firma Deutschlands, die ihre Motoren nach vorne gesetzt hatte.

Die Firma Brennabor litt darunter, dass der Großteil des Umsatzes mit Kinderwagen gemacht wurde – der Volksmund drückte das dann folgendermaßen aus: „Nimm viel Draht und Eisenrohr, fertig ist der Brennabor." Trotzdem stellten die Brüder Carl, Hermann und Adolf Reichstein in Brandenburg an der Havel gute Kleinwagen her, die – wie beispielsweise beim Typ M 3 – äußerst fortschrittlich waren: Nur wenige andere Hersteller konnten im Jahr 1914 aus einem 1,4-Liter-Vierzylinder 16 PS bei 2100/min hervorbringen.

Ein anderer Mann, der bis heute als einer der größten Konstrukteure aller Zeiten gefeiert wird, war Ettore Bugatti. Der Sohn eines Mailänder Künstlers und Exzentrikers par excellence hatte bis 1909 als Chefkonstrukteur bei der Gasmotorenfabrik Deutz gearbeitet, um sich dann in Molsheim bei Straßburg selbständig zu machen. Im Jahr 1910 begann die Produktion mit ganzen fünf Automobilen, und rasch überzeugte Le Patron, wie der Künstler aus Molsheim bald genannt wurde, die Kundschaft von seinen außergewöhnlichen Fähigkeiten. Schon 1911 wurde einer seiner 1,4-Liter-Vierzylinder (15 PS Leistung) hinter Hémery auf einem 10-Liter-Fiat beim Großen Preis von Frankreich Zweiter. Bugatti sorgte für viele Anstöße, die auch andere Produzenten aufgriffen: So brachte er beispielsweise im Sommer 1914 den Typ 22 heraus, der bereits über zwei Einlass- und zwei Auslassventile verfügte – eine frühe Vierventiltechnik.

Baron Eugène de Diétrich war ein weiterer Pionier, der 1896 von Amédée Bollée die Patente für den Bau kleiner Fahrzeuge übernommen hatte. Nachdem er gegen 1900 feststellen musste, dass seine Wagen technisch nicht mehr ganz auf dem Laufenden waren, entdeckte er 1901 in Mailand den jungen Ettore Bugatti, der dann von 1902 bis 1904 erste Kostproben seines Könnens unter dem Namen de Diétrich-Bugatti zum Besten gab. Obwohl sich diese Wagen durch ungewöhnliche technische Details auszeichneten, gab de Diétrich die Produktion rasch wieder auf – seine weniger ausgefallenen, klassischeren Modelle der späteren Jahre besaßen bis zur Produktionseinstellung 1934 einen ausgezeichneten Ruf.

Auch August Horch gehört zu den wichtigsten Pionieren der deutschen Automobilindustrie – er war 1896 zu Karl Benz gekommen, hatte aber bereits drei Jahre später gekündigt, da er mit den zurückhaltenden Entwicklungen dieses Hauses nichts mehr zu tun haben wollte. Also gründete er im Jahr 1899 die Firma Horch & Co., die zuerst in Köln und später in Zwickau für eine große Palette hervorragender Automobile sorgte. Bereits 1906 beispielsweise führte er erstmals ein Vierganggetriebe anstelle des bis dahin üblichen Dreiganggetriebes ein. Später musste August Horch das von ihm gegründete Unternehmen verlassen und gründete 1909 die Firma Audi.

Auch in den USA waren viele kluge Köpfe damit beschäftigt, das Automobil mit immer besseren Entwicklungen angenehmer und zuverlässiger zu machen. So demonstrierte Ford 1908 an seinem T-Modell erstmals eine Zündanlage, die mit Zündspule und Verteiler arbeitete, und die Firma Schebler zeigte in demselben Jahr den ersten Zwölfzylindermotor in V-Form. Zur gleichen Zeit dachte ein kluger Kopf – wir wissen nicht einmal, wie er hieß – darüber nach, wie die Wärmeenergie, die durch den Auspuff nutzlos ins Freie verpuffte, für die Heizung des Innenraums genutzt werden könnte. Das Ergebnis war die erste Automobil-Innenraumheizung. 1912 schließlich lieferte Cadillac erstmals serienmäßig einen elektrischen Anlasser und eine elektrische Heizung.

Viele Detaillösungen, die uns heute von den Produzenten als „neueste Lösung zur Bewältigung anstehender Probleme" verkauft werden, sind schon seit langem bekannt. Zum Teil waren sie von kleinen Firmen entwickelt worden, die rasch zahlungsunfähig wurden und deren Wissen die etablierten Firmen nicht beachtet hatten; teilweise wurden sie aber auch in Notzeiten – in Kriegszeiten – geboren, und so war auch der Erste Weltkrieg der Vater vieler Ideen.

William Richard Morris öffnete mit 17 Jahren einen Fahrradladen, dann betrieb er die „Oxford-Garage" und baute dann von 1910 an eigene Autos: Der „Bullnose"-Nickelkühler war seine eigene Schöpfung, die übrigen Teile kamen von Zulieferern.

Die Fahrzeuge von August Horch waren ihrer Zeit in vielen Details voraus. So setzte er als einer der ersten Ingenieure auf den Kardanantrieb anstelle des bis dahin üblichen Kettenantriebs. Hier seine Überlegungen zum Thema Aerodynamik an einem Torpedo-Modell für die Prinz-Heinrich-Fahrt 1908.

Rennen für starke Männer

Man darf wohl behaupten, dass die Entwicklung des modernen
Autos mit bei den Rennen in Nizza geschrieben wurde – hier der
Mercedes 35 PS-Rennwagen des Baron Henri de Rothschild mit
Werner Bauer, dem späteren Fahrer des Deutschen Kaisers, am
Steuer im Jahr 1901.

Ein Karl Benz oder ein Gottlieb Daimler wäre niemals auf den Gedanken gekommen, dass ihre Gefährte bei Motorsport-Wettbewerben eingesetzt werden sollten. Sie standen den Vergleichs- und Zuverlässigkeitsfahrten genauso kritisch gegenüber wie den schlichten Rennen, bei denen es nur auf Vollgas ankam. Was Karl Benz noch 1901 zu diesem Thema zu sagen hatte, war bereits zu lesen – und dennoch: Er stand schon auf verlorenem Posten. Dafür hatten einmal mehr die Franzosen gesorgt, die bei der ersten Fern- und Zuverlässigkeitsfahrt am 22. Juli 1894 – von Paris über Rouen wieder zurück nach Paris – die Begeisterung für Wettbewerbe dieser Art geweckt hatten.

› Die Franzosen entdecken den Autorennsport

Die französischen Autobauer wussten, dass der Großteil der Menschheit den Wettbewerb – egal auf welchem Gebiet – als essentiellen Bestandteil des Lebens akzeptiert hatte. Und diese Autos boten ja durchaus etwas: Da waren keine Brieftauben oder Rennpferde am Start, auf deren Siegeschancen man ohnehin keinen Einfluss hatte, sondern Automobile mit Fahrern, die zwar auch zuweilen technischen Schwierigkeiten unterlagen – aber es waren Menschen am Volant, und es kristallisierten sich auch bald die Marken heraus, die stets für Siege gut waren.

Die Häuser Daimler und Benz waren, obwohl es die Gründer nicht wollten, von Anfang an dabei: An diesem 22. Juli 1894 gewann mit Emile Levassor ein Mann, dessen Wagen so stark auf der Basis Daimlerscher Gedanken (und mit der Hilfe seiner Patente) aufgebaut worden war, dass man – auch in Frankreich – schlicht akzeptierte, dass eigentlich ein Fahrzeug des Herrn Gottlieb Daimler gewonnen hatte. Natürlich wirkte dieser Sieg in Deutschland nicht verkaufsfördernd, in Frankreich jedoch trug er entscheidend zum Aufstieg des Hauses Panhard & Levassor – und zum Anstieg der Lizenzgebühren – bei.

Emile Levassor war ein Mann von erstaunlicher Weitsicht: Er hatte nicht nur das Automobil als Verkehrsmittel der Zukunft erkannt, er war sich auch über die Werbewirksamkeit dieser Wettbewerbe im Klaren. Und so war es dann kein Wunder, dass Frankreichs Wände bald mit Plakaten des Hauses Panhard & Levassor überzogen waren, mit denen auf den direkten Zusammenhang zwischen Rennsport und Serienproduktion hingewiesen wurde. Wichtig für die Kundschaft war auch die Tatsache, dass es sich um serienmäßige Wagen handelte – noch dachte niemand daran, Renn-Wagen zu bauen. Der ursprüngliche Sinn des Wettbewerbs, mit dem Produkt, das der Kunde kaufen sollte, Alltagstauglichkeit auch unter erschwerten Bedingungen zu demonstrieren, wurde in diesen Tagen noch erfüllt.

Obwohl ein spezielles Rennwagenreglement erstmals um die Jahrhundertwende eingeführt wurde, waren die großen Vergleichsfahrten äußerst interessant: Zu diesem Zeitpunkt war noch nicht die Entscheidung zu Gunsten des Verbrennungsmotors gefallen – es fuhren Dampfwagen gegen Elektroautos, kleine Einzylinderwägelchen gegen die ersten Zweizylinder. Jeder gegen jeden – und alle gegen die Uhr: Wer die Distanz als Schnellster zurückgelegt hatte, war Sieger.

Das Rennen am 22. Juli 1894 ging über 126 Kilometer – und nachdem bereits zur Weihnachtszeit des Jahres 1893 die Wettbewerbsbedingungen bekanntgegeben worden waren, hatten sich nicht weniger als 102 Besitzer eines pferdelosen Wagens zum Start gemeldet. 21 traten an, und ein Panhard & Levassor gewann gemeinsam mit einem Peugeot – der ebenfalls mit einem Daimler-Motor ausgestattet war.

Das erste Rennen auf deutschem Boden fand am 24. Mai 1898 in Berlin statt, als sich 13 Gefährte dazu einfanden, eine 54 Kilometer lange Strecke von der Reichshauptstadt nach Potsdam und zurück in Angriff zu nehmen. Obwohl ein Humber-Dreirad siegte, wurde es ein denkwürdiges Datum, denn an diesem Tag trafen erstmals ein Daimler und ein Benz bei einem Rennen aufeinander – und die Durchschnittsgeschwindigkeit des Daimlers ist überliefert: 23,6 km/h.

Deutschland blieb jedoch noch längere Zeit Rennsportprovinz: In Frankreich lockten die großen Fernfahrten, von Paris nach Bordeaux und zurück beispielsweise, über 1200 Kilometer und mit einer Durchschnittsgeschwindigkeit von 12 km/h. Die Hochachtung vor diesen 12 km/h wächst beträchtlich, wenn man die fragile Mechanik, die nur bedingt befahrbaren Straßen, die ständig anfallenden Reparaturen

Wie alle Franzosen war auch Louis Renault verrückt nach Autorennen – und mit diesem Typ XB „Agatha" beteiligte sich das Werk 1905 an den diversen Wettbewerben. Unter der Motorhaube arbeiteten riesige Vierzylinder mit bis zu zwölf Liter Hubraum, die im Laufe der Jahre mehr als 150 PS leisten sollten.

An dem ersten Langstreckenrennen der Welt von Paris nach Bordeaux nahm 1895 auch ein fünf PS starker Benz „Phaeton" teil.

und die Feindseligkeit der Landbevölkerung in Betracht zieht. 1898 erreichte der Sieger der Fernfahrt Paris – Amsterdam dann schon einen Schritt von 43 km/h.

Es blieb einem Amerikaner vorbehalten, das erste Reglement zu entwerfen, das etwas mehr Chancengleichheit für die Teilnehmer bringen sollte. Der Herr hieß Gordon Bennett, er war Zeitungsverleger (und wusste um die Werbung für Blatt und Motorsport) und legte technische Details fest: Er bestimmte, dass jeder Wagen komplett aus dem Land stammen müsse, das als Bewerber auftrat, und legte das Trockengewicht im Bereich zwischen 400 und 1000 Kilogramm fest. Und eine weitere Bedingung: Das Land, aus dem der Sieger stammte, hatte die nächste Gordon-Bennett-Fahrt auszurichten.

Im Jahr 1900 gewann Louis Charon auf einem Panhard das Rennen, das von Paris nach Lyon führte, 1901 gewann Girardot ebenfalls auf einem Panhard, und 1902 wurde der Wettbewerb nach England entführt, nachdem S. F. Edge auf einem Napier gewonnen hatte. Im Jahr 1903 tauchte dann das erste Mal der Name Mercedes auf der Siegerliste auf.

› Emil Jellinek begeistert sich für Autorennen

Mercedes war die Tochter des Konsuls Jellinek – wir haben von ihm schon gehört: Emil Jellinek (1853–1917) war reich, hatte beste Beziehungen und war ein Autonarr. Er hatte 1896 in einer Annonce von den Qualitäten des neuen 6 PS starken Doppel-Phaetons des Hauses Daimler gelesen und sofort einen Wagen bestellt. Der in Nizza ansässige Jellinek war zwar von der mechanischen Robustheit beeindruckt, das mangelnde Temperament – nur 25 km/h Spitze – veranlasste ihn jedoch, einen Brief nach Bad Cannstatt zu schicken, in dem er den Kauf von fünf Wagen in Aussicht stellte, sofern die Modelle 40 km/h erreichen würden. So einen Auftrag wollten sich Daimler und Maybach natürlich nicht entgehen lassen; die abgelieferten Fahrzeuge erreichten 42 km/h, Jellinek war zufrieden und bestellte wieder sechs Wagen unter der Prämisse, dass diese nun über vorne montierte Vierzylindermotoren verfügen müssten. Das war die Geburtsstunde des Daimlerschen Phoenix-Wagens, der viel zum guten Ruf der Marke beitrug.

Mit diesem Phoenix-Wagen erschien Jellinek im März 1899 bei der Rennwoche von Nizza, erreichte einige gute Plazierungen und kündigte daraufhin an, im nächsten Jahr gewinnen zu wollen. Im März des Jahres 1900 stand dann der Daimler-Werkmeister Wilhelm Bauer mit einem 5,5-Liter-Vierzylinder – der bei 800/min 28 PS leistete — am Start zum Bergrennen nach La Turbie. Bauer hatte den immerhin schon

80 km/h schnellen Wagen ausführlich gefahren, verfehlte nach dem Start jedoch bereits die erste Kurve; er und sein Beifahrer kamen schwer verletzt ins Krankenhaus, Copilot Hermann Braun starb am Tag darauf.

Der erste Todesfall in der Renngeschichte des Hauses Daimler hätte beinahe zur Einstellung aller Rennaktivitäten geführt, wenn Jellinek nicht am 2. April 1900 einen Vertrag mit der Daimler Motoren-Gesellschaft abgeschlossen hätte, der ihm den Vertrieb der Fahrzeuge des Hauses Daimler für Österreich-Ungarn, Frankreich, Belgien und Amerika unter dem Namen seiner Tochter Mercedes zusicherte. Und Jellinek wollte natürlich weiter die Fahrzeuge – nun unter dem Namen Mercedes – siegen sehen.

Der 5,5-Liter-Vierzylinder bekam nun etwas mehr Hubraum, die 5,9 Liter leisteten bei 1000/min 35 PS, der Radstand war gewachsen, der Motor lag tiefer, der Kühler wurde aus 8070 kleinen Röhrchen zusammengelötet und eine neuartige Federbandkupplung sorgte für die Verbindung zwischen dem Motor und dem Vierganggetriebe.

Wilhelm Werner, der Werkfahrer des Hauses Daimler, gewann dann im Frühjahr 1901 in Nizza nahezu alle Wettbewerbe; bei der Sprintprüfung erreichte er 86,5 km/h – und schon veranlasste Jellinek eine kleine Serie dieses Wagens für die rennbegeisterte Kundschaft. 1902 hatte der Wagen dann 6,5 Liter Hubraum, leistete 40 PS und erreichte bereits 110 km/h. Beim Rennen Paris – Wien wurde Graf Zborowski Zweiter, war allerdings der moralische Sieger, da das Reglement die französischen Fahrzeuge bevorzugt hatte.

Da bei den meisten Veranstaltungen nur Geschwindigkeit zählte, waren viele PS das Maß aller Dinge – und Leistung war mit der damaligen Technik nur über Hubraum zu holen. So war es kein Wunder, dass die Hubräume immer gigantischer wurden – über zehn Liter Hubraum waren normal, einige erreichten sogar mehr als 20 Liter. Der Blitzen-Benz, mit dem Victor Héméry am 8. November 1909 die 200-km/h-Grenze überschritt (exakt 202,7 km/h), hatte einen Vierzylinder mit 21,5 Liter Hubraum – Bohrung und Hub betrugen 154,9 und 185 mm.

1905 wurde das Gordon-Bennett-Rennen zum letzten Mal ausgetragen; die 140 PS starken 14-Liter-Mercedes-Vierzylinder erreichten aber nur die Plätze fünf, sieben und zehn.

In Deutschland kamen in diesen Jahren die Tourenfahrten groß in Mode – so beispielsweise die Herkomer-Fahrt, die von 1905 bis 1907 von München über Baden-Baden, Stuttgart, München und Regensburg zurück nach München führte. Hier wurde Benz 1906 mit einem 40-PS-Wagen Zweiter, und ein Jahr später gewann der Benz-Konstrukteur Fritz Erle sogar auf seinem 50-PS-Wagen.

Ein früher Rennwagen aus den USA: Dieser Buick Racer aus dem Jahr 1910 wurde von dem legendären Sammler William Harrah als Schrotthaufen entdeckt und perfekt restauriert.

Mit diesem Rennwagen begann im Jahr 1901 die Mercedes-Legende – denn dieses 6-Liter-Vierzylinder-Fahrzeug mit 35 PS Leistung trug erstmals den heute weltbekannten Namen, der dann 1902 gesetzlich geschützt wurde.

Emil Jellinek betrachtet sich hier im Jahr 1902 anläßlich der Rennwoche in Nizza einen von Ferdinand Porsche konstruierten Rennwagen mit einem 40 PS starken Mercedes-Vierzylinder.

Mit diesem Grand Prix-Wagen schrieb Mercedes beim „Großen Preis von Frankreich" 1914 Renngeschichte, denn die 100 PS starken 4,5-Liter-Vierzylinder mit Vierventiltechnik belegten mit Lautenschlager, Wagner und Salzer die drei ersten Plätze.

› Die ersten Grand-Prix-Rennen

Das wichtigste Rennen vor dem Ersten Weltkrieg war jedoch der Große Preis von Frankreich, der von 1906 bis 1908 und von 1912 bis 1914 ausgetragen wurde – 1909 bis 1911 fanden keine Rennen mit Werksbeteiligung statt, und damit fiel auch dieses Rennen aus.

Frankreich war das Mutterland der automobilen Serienproduktion und des Rennsports gewesen – und nur hier gab es einen Grand Prix. Ein Sieg bei diesen zumeist mörderisch langen und anstrengenden Prüfungen war das Ziel aller Konstrukteure – und im ersten Jahr war François Szisz auf einem Renault die Nummer eins. Der Circuit de la Sarthe war 103,18 Kilometer lang und musste nicht weniger als zwölfmal umrundet werden. Als Szisz auf einem 13-Liter-Renault die 1238,16 Kilometer hinter sich gebracht hatte, war er 12 Stunden, 14 Minuten und 7 Sekunden unterwegs gewesen. Von den 28 Startern kamen immerhin elf noch ins Ziel, die beiden letzten waren Camille Jenatzy und Mariaux auf ihren 14,5-Liter-Mercedes-Modellen – sie hatten mehr als 16 Stunden gebraucht.

Ein Jahr später war Felice Nazzaro der Sieger: Diesmal hatte man einen 76,988 Kilometer langen Kurs bei Dieppe an der Atlantikküste gewählt, der immerhin zehnmal zu umrunden war. Zwar stand der Sieger hier bereits nach 6:46,33 Stunden fest, dennoch war auch dieser Grand Prix de France kein Zuckerschlecken: Von den drei gestarteten Mercedes kam nur Hémery auf Platz zehn ins Ziel, was bei 37 Startern und 17 Überlebenden allerdings auch nicht schlecht war.

Für das Jahr 1908 wurde dann wieder ein neues Reglement beschlossen: Für die Vierzylinder durfte die Bohrung 155 mm nicht überschreiten – Daimler wollte einen Hub von 180 mm, Benz nahm 200 mm. Die entsprechenden Leistungen: Daimler 140 PS bei 1400/min und Benz 150 PS bei 1500/min. Schon vor dem Rennen fuhr ein Daimler-Team nach Dieppe, um die optimalen Getriebeübersetzungen festzustellen, und am 7. Juli 1908 war es dann so weit: Zum ersten Mal gewann ein deutscher Wagen den Grand Prix de France; nach 6:55,43 Stunden hatte Christian Lautenschlager auf dem Mercedes die 769,88 Kilometer zurückgelegt. Auf Platz zwei kam Hémery auf einem Benz vor seinem Markengefährten Hanriot.

Daimler und Benz begaben sich anschließend in die USA: Auf der Basis des 37/90-PS-Serienwagens wurde ein 9,6-Liter-Vierzylinder mit Doppelzündung und drei Ventilen pro Zylinder (ein Einlass- und zwei Auslassventile) geschaffen, mit dem Spencer Wishart und Ralph de Palma von 1912 bis 1914 großartige Erfolg erzielten; de Palma beispielsweise gewann 1912 und 1914 den Vanderbilt-Cup, das wichtigste Rennen des Landes. Beim 37/90-PS kam übrigens auch erstmals der Kühler mit dem berühmten Mercedes-Stern zum Einsatz.

1912 war dann auch wieder der Grand Prix de France auferstanden. In diesem Jahr wurde der 76,988 Kilometer lange Kurs bei Dieppe gewählt, der von den 57 Teams nicht weniger als 20-mal zu umrunden war. 14 Mannschaften kamen nach 1539,760 Kilometern ins Ziel; der Sieger Georges Boillot benötigte auf seinem 7,6-Liter-Peugeot 13:58,02 Stunden, und als letzter kam C. de Vere auf einem 3-Liter-Côte nach 20:57,06 Stunden ins Ziel.

Am 12. Juli 1913 war es dann wieder so weit: Beim Großen Preis von Frankreich war diesmal ein 31,621 Kilometer langer Kurs bei Amiens 29-mal zu umrunden. 18 Mannschaften stellten sich den 916,800 Kilometern, elf kamen ins Ziel. Erneut gewann ein Peugeot; Georges Boillot siegte auf seinem 5,6-Liter-Vierzylinder (mit einem Gewicht von 1040 Kilogramm) nach 7:53,57 Stunden vor seinem Markengefährten Jules Goux.

Im September 1913 wurde wieder einmal das Reglement für den Grand Prix 1914 geändert: Nun durfte der Hubraum nicht mehr als 4,5 Liter betragen, und das Wagengewicht durfte nicht über 1100 Kilogramm liegen. Drehzahlen waren gefragt, die Leistung musste mit neuen Methoden beschafft werden. Bei Daimler wurde ein Vierzylinder mit vier Ventilen pro Zylinder entworfen, der bis 3500/min vertragen konnte – die maximale Leistung von 105 PS stand bei 3100/min bereit und wurde erstmals – bei einem Daimler-Rennwagen – mit einer Kardanwelle an die Hinterachse gebracht (bei den Serienwagen gab es dieses System bereits seit 1908). Die Höchstgeschwindigkeit von 190 km/h war auf dem 37,631 Kilometer langen Circuit de Lyon zwar auch recht wichtig – schließlich gab es eine längere Gerade –, entscheidend für den überraschenden Dreifachsieg der Fahrer Christian Lautenschlager, Louis Wagner und Otto Salzer waren jedoch die hervorragende Straßenlage und die Zuverlässigkeit der Mechanik.

Noch heute gilt der Grand Prix de France 1914 als das härteste Autorennen aller Zeiten. Christian Lautenschlager fuhr nicht weniger als 7:08,18 Stunden auf Straßen, die diesen Namen kaum verdienten, mit Geschwindigkeiten bis zu 190 km/h auf Reifen, mit denen wir heutzutage sofort die Zulassung unseres Autos verlieren würden – der Zweite kam 1 Minute und 36 Sekunden später ins Ziel, der Dritte knapp fünf Minuten später. Stallregie gab es keine; hier fuhr wirklich jeder gegen jeden, mit Rennwagen, die – für heutige Verhältnisse – weder brauchbare Bremsen noch gute Straßenlage besaßen.

Max Sailer konnte 1914 beim „GP von Frankreich" mit seinem Fahrzeug die schnellste Runde fahren – die Höchstgeschwindigkeit lag bei über 190 km/h.

Mit seinem 15-Liter-Vierzylinder und 130 PS Leistung war der Fiat 130 einer der schnellsten Rennwagen des Jahres 1907.

Christian Lautenschlager gewann 1908 den „Großen Preis von Frankreich" mit seinem 120 PS starken Mercedes mit einer Durchschnittsgeschwindigkeit von 111,2 km/h.

Eine der ersten Firmen, die im Rennmotorenbau auf die Vierventiltechnik setzte, war die Firma Peugeot – hier ein Grand Prix-Modell von 1914.

› Wer ist der Schnellste?

Parallel zu diesen Wettbewerben reizte es die wagemutigen Männer natürlich auch bald festzustellen, wer die schnellsten Autofahrer seien. Diese Disziplin hatte ihren ersten Sieger am 18. Dezember 1898, als Gaston de Chasseloup-Laubat auf einem Jeantaud Electric mit 30 PS Leistung 63,158 km/h erreichte. Nur vier Monate später – am 29. April 1899 – erreichte Camille Jenatzy als Erster die 100-km/h-Grenze; er fuhr mit seinem C.I.T.A. 105,882 km/h. Unter den ersten Rekordjägern gab es eine Vielzahl von Firmen und berühmten Fahrern, deren Namen bis heute bekannt geblieben sind: Charles S. Rolls beispielsweise fuhr am 9. April 1902 im französischen Ort Achères mit einem Mors Z 101,695 km/h schnell. Nur vier Monate später setzte sich der junge Millionenerbe William K. Vanderbilt hinter das Steuer desselben Wagens und erreichte 122,449 km/h. Dies wiederum ließ Charles Rolls nicht ruhen; er verbesserte in den nächsten Jahren seine persönliche Bestleistung auf 136,363 km/h, wobei der von ihm benutzte Mors einen Reihenvierzylinder-Motor mit nicht weniger als 11.559 ccm Hubraum besaß, der etwa 70 PS Leistung hergab.

Panhard (mit 80 PS aus 13,6 Liter Hubraum) und Gordon-Brillié (mit 130 PS aus 15,2 Liter Hubraum) machten zusammen mit den Mercedes-Simplex-Modellen viele dieser Rekordfahrten unter sich aus, bis auch die Amerikaner die Werbewirksamkeit begriffen. So ließ es sich Henry Ford I am 9. Januar 1904 nicht nehmen, mit seinem Typ The Arrow (knapp 19 Liter Hubraum und 100 PS aus vier Zylindern) auf dem Lake St. Clair in Michigan 160,934 km/h vorzulegen. Bald kamen auch die ersten Achtzylinder (von Darracq im Jahr 1905) und der erste Zwölfzylinder von Sunbeam (mit 9 Liter Hubraum und 200 PS) mit ins Spiel. Hubraum war gefragt: Fiat brachte 1911 aus 28,4 Liter Hubraum 290 PS. Rekorde aber fuhren andere Wagen.

Neben den Benzinmotoren gab es allerdings noch immer Dampf- und Elektrowagen, die noch lange mithalten konnten: So fiel die 200-km/h-Marke mit dem Stanley Steamer, und es bedurfte dann schon der 21,5 Liter Hubraum des Blitzen-Benz, um am 23. April 1911 die 228,096 km/h zu erreichen – die bis zum Jahr 1919 das Maß aller Dinge darstellten.

Sicherheit war in den frühen Jahren des Automobilsports noch kein Thema, wie man hier beim „Großen Preis von Frankreich" im Jahr 1907 sieht – hier ein Vierzylinder-Itala mit 16,6 Liter Hubraum im Training.

Der zweite Start

Während in Europa der Erste Weltkrieg tobte, machten GM und Ford in den USA rasante Fortschritte. Hier wurde der Weg zum Volks-Wagen schon zu Beginn der 20er Jahre eingeleitet – die ersten Fließbänder sorgten für Stückzahlen, von denen die Europäer nur träumen konnten. Aber Europa lag am Boden – wer hatte hier schon Geld für ein Auto?

Dabei gab es Motorproduktionsstätten im Überfluss; schließlich hatten die Militärs – nachdem sie im Verlauf des Krieges erkannt hatten, dass derjenige, der über die meisten Nutzfahrzeuge und Flugzeuge verfügte, auch gewinnen könnte – für den Bau und den Ausbau der entsprechenden Firmen gesorgt.

› Flugzeugmotoren sorgen für Antrieb

Firmeninhaber und Ingenieure, die sich diesen Wünschen unterordnen konnten, waren nicht nur in der Lage, ihre Firmen drastisch zu vergrößern, sie besaßen auch nach Kriegsende das Know-how, das es ihnen ermöglichte, die Automobile auf einen neuen Technologiestand zu heben. So beispielsweise Hans Nibel, der bei Benz in Mannheim Flugzeugmotoren entwickelt hatte – und 1908 im Alter von nur 28 Jahren Chefkonstrukteur geworden war. Auch Ferdinand Porsche hatte bei der Konstruktion von Flugzeugmotoren viel über die mechanischen Aufladungen gelernt: Ab 1922, als er die Nachfolge von Paul Daimler als Chefkonstrukteur bei der Daimler Motoren AG antrat, sorgte er für die PS-Boliden, die das Haus mit dem Stern bis in die 30er Jahre berühmt machen sollten. Und Edmund Rumpler, der schon vor dem Ersten Weltkrieg zu den Flugpionieren gehört hatte, baute aerodynamisch ausgefeilte Fahrzeuge, die sich zwar kaum verkaufen ließen, ihm aber wenigstens einen Beratervertrag mit der Firma Benz einbrachten – daraus sollte dann der Tropfen-Benz resultierten, der eines der interessantesten Kapitel der Nachkriegs-Renntechnik schreiben sollte, obwohl er vor seinen großen möglichen Erfolgen schon wieder verschrottet wurde.

Natürlich gab es diese Pioniere nicht nur in Deutschland. Rolls-Royce baute in England Flugzeugmotoren, Marc Birkigt eiferte dem in der Schweiz nach (daraus sollte dann die berühmte Marke Hispano-Suiza entstehen), in den

Mitten im Ersten Weltkrieg entstand 1917 dieser Renault 6 CV mit einer luftigen Torpedo-Karosserie.

Der Wanderer 5/12 PS war im Deutschen Reich nur unter seinem Spitznamen „Puppchen" bekannt – und die beiden hintereinander angeordneten Sitze sorgten immer wieder für Begeisterung.

Niederlanden baute ein Anthony Fokker noch Automobile, bis er sich ganz auf die Produktion von Flugzeugen verlegte. Auch die Herren André Citroën und Ettore Bugatti hatten viel zu Kriegszeiten gelernt, wie auch die Häuser Renault, Duesenberg in den USA oder die Bayerischen Motoren Werke in München, die seit 1916 bestanden und in den 20er Jahren auch mit dem Automobilbau begannen.

› Die ersten Großserien

André Citroën, der während des Ersten Weltkriegs Zahnräder und Munition produziert hatte, begann im Jahr 1919 damit, die in den USA studierten Fließbandmethoden nach Europa zu verpflanzen und mit dem 10 CV Typ A (1,3-Liter-Vierzylinder, 20 PS) das erste europäische Großserienauto auf die Räder zu stellen. Citroën erkannte auch rasch, dass eine Komplettausstattung dem Verkaufserfolg zuträglich sein würde – also lieferte er auch elektrische Beleuchtung und ein Allwetterverdeck. Und da er die Bedeutung der Werbung früher als viele seiner Konkurrenten erkannte, ließ er ab dem Jahr 1923 etliche seiner Fahrzeuge zu Expeditionen quer durch Afrika und Asien antreten, deren Leistungen noch heute erstaunen. 1925 hatte er einen weiteren Genieblitz und ließ seinen Namen in 30 Meter hohen Buchstaben vom Eiffelturm leuchten.

Der Hauptkonkurrent von Citroën war Louis Renault, der mit Saharadurchquerungen auf die Expeditionen von André Citroën antwortete und mit dem fünf Meter langen 40 CV eines der Traumautos dieser Jahre bauen ließ. Dieser riesige Geschöpf sollte auch Werbung für die Massenprodukte wie den Primaquatre oder den Juvaquatre machen, die zusammen mit diversen Sechs- und Achtzylindermodellen dafür sorgten, dass Renault das größte Autoimperium Frankreichs sein eigen nennen durfte.

Peugeot konnte zu diesen Zeiten noch nicht ganz mithalten: Zwar hatte man in Sochaux bereits 1911 den wahrscheinlich besten und fortschrittlichsten Kleinwagen dieses Jahrzehnts entworfen – und kein Geringerer als Ettore Bugatti zeichnete für den 850-ccm-Vierzylinder mit 10 PS Leistung verantwortlich, der unter dem Namen Peugeot Bébé No. 2 bis in den Ersten Weltkrieg hinein in mehr als 10.000 Exemplaren verkauft wurde. Als dann aber nach dem Krieg die Produktion wieder anlief, beschränkte man sich auf Kleinwagen – so beispielsweise den 1920 präsentierten Quadrilette (670 ccm, 10 PS, 60 km/h), der mit sämtlichen Derivaten in nicht weniger als 150.000 Exemplaren montiert wurde. 1927 kam dann der erste Sechszylinder, bevor 1929 mit dem Peugeot 201 der

Stammvater aller Modelle mit der Mittelnull (die es bis heute gibt) auftauchte; ein 1,1-Liter-Vierzylinder mit 23 PS, der nach Lancia und Tatra als dritter Serienwagen der Welt eine vordere Einzelradaufhängung bieten konnte.

Vincenzo Lancia, der 1881 geborene Sohn eines Turiner Suppenfabrikanten, beschloss 1906 – nachdem er sich bei Fiat einen glänzenden Namen als Versuchs- und Rennfahrer gemacht hatte –, seine eigene Firma zu eröffnen: Das Ergebnis waren keineswegs Rennwagen, sondern solide und zuverlässige Automobile, die allerdings oft Details aufweisen konnten, die Automobilgeschichte machten. Waren der 2,5-Liter-Vierzylinder Alpha und der 3,8-Liter-Sechszylinder Di-Alpha noch schlicht und unzerstörbar geraten, so überzeugte der Theta 1914 durch die erste serienmäßige Elektrik in einem europäischen Automobil. 1922 schrieb Lancia schließlich endgültig Geschichte, als er mit dem Lambda das erste Fahrzeug mit einer selbst tragenden Aluminiumkarosserie und der ersten unabhängigen Vorderradaufhängung vorstellte.

Baute Lancia die mehr zukunftsorientierten Fahrzeuge, so war das Imperium des Giovanni Agnelli – trotz einiger Luxusmodelle – mehr auf Klein- und Großserienwagen ausgelegt. 1919 kam der Typ 501 auf den Markt, mit seinem 1,5-Liter-Vierzylinder (23 PS Leistung) bis 1926 gebaut. Die Massenmotorisierung wurde in Italien durch den Typ 509 eingeleitet, der 1925 bereits aus 0,9 Liter Hubraum 20 PS herausholte und zum Stammvater des Typ 508 – der unter dem Namen Balilla bekannter werden sollte – avancierte.

Natürlich gab es auch in England Großserienhersteller: Austin war eine dieser Marken. 1906 von dem Ingenieur Herbert Austin in Longbridge bei Birmingham gegründet, erreichte die Firma 1921 mit dem Austin Twelve zum ersten Mal größere Stückzahlen, bevor ein Jahr später der Kleinwagen Seven (747 ccm, 15 PS) für einen stetigen Verkaufserfolg bis zum Ende der Produktion im Jahr 1939 sorgte. Dieser Austin Seven war auch für einen bayerischen Produzenten von größerer Bedeutung, als BMW die Erlaubnis erwarb, ihn als Dixi nachzubauen.

› Firmengründungen in Deutschland

BMW verdankte seinen Aufstieg den Flugzeugmotoren, die die Firma – nach dem Zusammenschluss der Karl Rapp Motorenwerke und der Gustav Otto Flugmaschinenfabrik im Jahr 1916 – produzierte. Hier wurden die Sechszylindermotoren für die Fokker-Jagdmaschinen des Richthofen-Geschwaders entwickelt und gebaut. Nach dem Krieg errang ein BMW-Flugmotor 1919 den Höhenflug-Weltrekord; 1926 kam

1919 begann das französische Haus Citroën mit dem Bau des Typ A, der sich mit seinem Vierzylindermotor rasch zu einem Bestseller entwickelte.

Vincenzo Lancia revolutionierte 1922 mit seinem „Lambda", dem ersten Automobil der Welt mit einer selbsttragenden Karosserie und einer unabhängigen Vorderrad-Aufhängung, den Fahrzeugbau.

Natürlich begeisterte die Idee eines praktischen Kleinwagens nahezu alle Firmen – hier ein Peugeot „Quadrilette".

1919 kam der Fiat Typ 501 auf den Markt. Er wurde mit seinem 1,5-Liter-Vierzylinder (23 PS Leistung) bis 1926 gebaut.

Glückliche Menschen auf Tour – die Daimler-Motoren-Gesellschaft wusste, wie man Begeisterung für die neue Form der Mobilität schaffen konnte.

Fiat überzeugte in Italien die Massen: In den 20er Jahren Jahren war der Typ „Balilla" ein überaus erfolgreiches Modell.

der Flug von Wolfgang von Gronau hinzu, der mit BMW-Motoren in 254 Stunden um die Welt flog. 1923 schon wurde das erste Motorrad ausgeliefert – und 1928 kam dann der Dixi, der in Eisenach produziert wurde.

In diesen Jahren begannen viele Unternehmer, Firmen zu gründen, die noch lange Geschichte schreiben sollten: So lieferte Carl F. W. Borgward 1922 in Bremen seinen ersten dreirädrigen Lieferwagen mit dem Namen Goliath aus – anfänglich mit DKW- und später mit Ilo-Zweitaktmotor –, 1929 kaufte er die Hansa-Lloyd-Werke dazu, und bald war ein kleines Imperium entstanden, das erst 1961 nach finanziellen Schwierigkeiten die Produktion einstellen musste.

Eine weitere dieser Gründerpersönlichkeiten war der Däne Jörgen Skafte Rasmussen, der ab 1907 im sächsischen Zwickau Kesselarmaturen produziert hatte und 1919 – mehr zum Vergnügen seiner Kinder – ein kleines Flugzeug mit einem Zweitaktmotor baute und Des Knaben Wunsch (DKW) benannte. Und mit dem Zeichen DKW schmückte Rasmussen dann auch seine Fahrradhilfsmotoren und die Motorräder, die bald – natürlich mit Zweitaktmotoren – die Straßen bevölkerten. 1928 kam der Typ P, das erste DKW-Auto mit einem 584 ccm großen Zweitakt-Zweizylindermotor, dessen 16,5 PS eine selbst tragende Sperrholzkarosserie zu bewegen hatte. Der große Wurf gelang 1931 mit dem F 1, zu seiner Zeit mit 1750 Reichsmark der billigste Wagen deutscher Produktion, der zudem als erstes Massenauto einen Frontantrieb hatte.

Als im Jahr 1825 die Hannoversche Maschinenbau AG gegründet wurde, konnte niemand ahnen, dass exakt 99 Jahre später unter dem Namen Hanomag einer der eigenwilligsten Kleinwagen gebaut werden sollte. Dieser offene Zweisitzer erfreute seine Besitzer mit 10 PS und durchaus akzeptablen Fahrleistungen. Rasch erhielt er den Spitznamen Kommissbrot – und obwohl dieser erste Serienwagen mit seiner Pontonkarosserie im Lauf der nächsten Jahre immer weiter verbessert wurde und Vier- und Sechszylindermodelle ins Programm kamen, blieb mit dem Namen Hanomag nur das Kommissbrot im Gedächtnis verhaftet.

In Deutschland war die Firma NSU im Jahr 1892 zur Produktion von Fahrrädern gegründet worden – die Vorläuferfirma hatte jedoch schon einen bedeutenden Beitrag zur Automobilgeschichte geleistet: Hier wurde im Auftrag das Fahrgestell des Stahlradwagens von Gottlieb Daimler im Jahr 1888 gebaut. Nachdem NSU an der Konstruktion von Motorrädern Gefallen gefunden hatte, wurden ab 1904 auch komplette Automobile montiert. Zuerst waren es Lizenzbauten auf der Basis der belgischen Firma Pipe; bald kam ein eigener Vierzylindermotor mit 10 PS Leistung, dann kamen immer größere Fahrzeuge, die auch bei den großen Zuverlässigkeitsfahrten erfolgreich abschnitten. Der Typ 5/15 PS öffnete ab 1919 den Weg zur Massenproduktion. 1925 war man dann schon in der Lage, einen Sechszylinder auf die Räder zu stellen, der bei den ersten Rennen nach dem Krieg gegen die gesamte Konkurrenz gewinnen konnte. Bei der Weltwirtschaftskrise 1929 musste NSU – wie so viele andere Firmen – Konkurs anmelden. Die Fabrik wurde von Fiat gekauft, und bis in die 60er Jahre wurden in Heilbronn noch Fiat-Automobile montiert – heute gehört das Werk und der Name dem Hause Audi.

› Klassiker aus England

Der größte britische Kleinwagenfabrikant war William Richard Morris, der 1910 damit begann, seine eigenen Fahrzeuge zu montieren, die er aus den Bestandteilen etlicher Firmen entwarf. Der Bullnose zum Beispiel besaß einen 1-Liter-Motor von White & Poppe, ein Fahrwerk von Wrigley & Co., eine Karosserie von Hollick & Pratt und eine Elektrik von Bosch. Morris hatte die Begabung, für jeden Bestandteil seiner Fahrzeuge den billigsten Lieferanten zu finden und dann mit Kampfpreisen zu agieren. So wurde er ab der Mitte der 20er Jahre zum größten Kleinwagenproduzenten Großbritanniens. 1928 kam ein weiterer Klassiker: der Morris Minor (847 ccm, 20 PS), der – neben den mittlerweile ebenfalls eingeführten Sechszylindermodellen – für das Geld in der Kasse sorgte. W. R. Morris kaufte dann noch die Firmen Riley, Wolseley und den Vergaserhersteller S. U. hinzu, und die Sportwagentochter MG sorgte für die Schlagzeilen auf den Sportseiten.

MG wurde von dem Ex-Rennfahrer Cecil Kimber gegründet, der als Geschäftsführer der Morris Garages – daher die Abkürzung MG – die Serienfabrikate optisch und leistungsmäßig überarbeitete. Bekannt wurde das in Oxford ansässige Unternehmen 1928, als aus dem 847-ccm-Minor der nur 150 Pfund teure MG-Midget wurde, der mit seinen 36 PS schon über 100 km/h erreichte. Und als Tazio Nuvolari dann noch mit einem Kompressor K 3 Magnette die Tourist Trophy und einen Klassensieg bei der Mille Miglia errungen hatte (mit einem 1,1-Liter-Vierzylinder und bis zu 125 PS Leistung), war England endgültig vom MG-Fieber gepackt.

Hat der Firmenname MG heute im Rover-Konzern (und damit bei BMW) überlebt, so konnte ein anderer Produzent seine Unabhängigkeit bewahren: H. F. S. Morgan. Er hatte 1906 eigentlich ein Motorrad konstruieren wollen– 1910 ging dann allerdings der Three-Wheeler in Serie, der bis zum Jahr 1950 in praktisch unveränderter Form gebaut wurde. Dieses

Der Titel der „BMW Flugmotoren Nachrichten" zeigt das typische BMW-Propellermotiv, dass in das weiß-blaue Signet der Münchner einfloss.

1928 wurde der DKW P 15 auf der Leipziger Frühjahrsmesse erstmals vorgestellt – und der kleine 0,5-Liter-Zweizylinder begeisterte die Käufer auf Anhieb.

zumeist mit JAP-Motoren angetriebene Gefährt brachte es zu erstaunlichen Stückzahlen; daran war aber auch die britische Steuergesetzgebung schuld, die bei dreirädrigen Fahrzeugen weniger Steuer als bei den vierrädrigen Kollegen verlangte.

Heute baut sein Sohn Peter Morgan noch immer Roadster in der alten englischen Tradition: Knallhart gefedert, mit einem Holzrahmen und – auf Wunsch – mit einem 3,5-Liter-V8-Motor von Rover, der das nur 850 Kilogramm schwere Gefährt problemlos über die 200-km/h-Marke beschleunigt.

› Opel wird amerikanisch

Opel war – wie bereits erwähnt – vor dem Ersten Weltkrieg der größte Autoproduzent des Reichs gewesen. In den 20er Jahren wurden einerseits große Sechszylinder gebaut, andererseits hatte man mit dem Laubfrosch einen äußerst beliebten Kleinwagen im Programm, dessen 951-ccm-Vierzylinder 12 PS leistete. 1925 folgte der 4/14 mit einem auf 1016 ccm vergrößerten Hubraum und einem – auf Wunsch – verlängerten Radstand, der nun auch die Montage von viersitzigen Karosserien ermöglichte. Da aber auch der 4/14 nicht allen Platzwünschen Genüge leisten konnte, wurde der 10/40 PS ins Programm aufgenommen. Er besaß einen Hubraum von 2594 ccm, leistete bei 3000/min immerhin 45 PS und verlieh dem 1410 Kilogramm schweren Wagen damit eine Höchstgeschwindigkeit von 90 km/h.

Im Lauf der nächsten Jahre wurde die Firma Adam Opel zum erfolgreichsten deutschen Automobilhersteller: 1928 produzierten 8000 Mitarbeiter 42.771 Fahrzeuge, das bedeutete einen Marktanteil von 26 Prozent, und unter den deutschen Herstellern lag dieser Anteil bei 44 Prozent. Trotz dieser glänzenden Zahlen war den Verantwortlichen klar, dass die aggressiv operierenden Amerikaner, die bereits in mehreren europäischen Ländern Zweigwerke errichtet oder Konkurrenzfirmen aufgekauft hatten, mit ihrer Fließbandproduktion zu einer Gefahr für Opel werden konnten.

So landete im Herbst 1926 ein Brief von Opel auf dem Schreibtisch von James D. Mooney, dem Präsidenten der GM-Exportabteilung, in dem man freundlich anfragte, ob eine zukünftige Zusammenarbeit denkbar wäre. Im Oktober 1928 fuhr der Vorstandschef Alfred P. Sloan jr. mit zwei von seinen engsten Beratern nach Europa, um dort verschiedene Firmen zu besichtigen – darunter auch Opel in Rüsselsheim. Sloan schrieb später: „Mein früheres Interesse am Erwerb der Opel-Werke wurde durch diesen Besuch so gesteigert, dass ich ein Optionsabkommen über den Kauf des Opel-Unternehmens durch General Motors aushandelte."

Nachdem noch eine weitere Kommission das Programm und die Produktionsstätten positiv beurteilt hatte, wurden als erster Schritt am 3. Dezember 1928 die Opel-Werke in eine AG umgewandelt. Sechs Wochen danach erwarb General Motors einen Teil der Aktien. Am 18. März 1929 erklärte dann GM-Präsident Sloan in Wiesbaden auch offiziell, dass sein Unternehmen 25.967.000 Dollar für 80 Prozent der Opel-Anteile bezahlt habe und dass man eine Option der Familie Opel für die verbleibenden 20 Prozent auch noch einlösen würde. Dieser Rest ging im Oktober 1931 zum Preis von 7.395.000 Dollar in den Besitz von GM über.

Damit war die erste Firma in den Besitz von Amerikanern übergegangen. In dieser Zeit beschloss auch Henry Ford I in Deutschland eine Filiale zu gründen. Er wählte 1925 zuerst Berlin als Standort seines Unternehmens, um dann später den Hauptsitz und die Produktion nach Köln zu verlegen – 1932 kam dann in Dagenham noch eine britische Tochtergesellschaft dazu.

› Autofirmen als Spekulationsobjekte

Der Börsenkrach des Jahres 1929 trug zwar entscheidend zum Ende vieler renommierter Firmen bei, es hatte sich jedoch schon vorher abgezeichnet, dass mit einer zu großen Typenvielfalt und mit einem zu großen Anteil an Handarbeit zu teuer produziert wurde. Die GM-Kommission, die im Januar 1929 das Opel-Werk in Rüsselsheim unter die Lupe genommen hatte, bescheinigte der Fabrik – die damals als eine der modernsten Deutschlands galt – einen Entwicklungsstand, der „den Verhältnissen, wie sie 1911 in den USA bestanden" entsprach. Das hatte allerdings auch schon Geheimrat Fritz von Opel erkannt: Bei den Amerikanern, so schrieb er, gelte der Grundsatz, dass erst eine Tagesproduktion von 30 Wagen die Rentabilität bringe. Bei den Deutschen waren es nur sieben Wagen.

Die meisten deutschen Produzenten hangelten sich in dieser Zeit von einem Auftrag zum nächsten; die Kapitaldecke war stets zu dünn, nur allzu oft sorgten die Lieferanten – nachdem sie lange genug auf ihr Geld gewartet hatten – für ein abruptes Ende. Oder es waren die Spekulanten, die mit raffinierten Winkelzügen rasch zum großen Geld kamen? Und es oft auch wieder genauso rasch verloren. Einer dieser Männer war der Börsenspekulant Jakob Schapiro; er war aus Odessa gekommen und leitete in Berlin als Fahrlehrer die Schachzüge ein, die ihn binnen weniger Jahre zu einem der mächtigsten Männer im Automobilgeschäft werden ließen. Er hatte mit seinem ersten Geld – über dessen Herkunft nur

Wer sich 1928 einen
Mercedes Typ 460
„Nürburg" leisten
konnte, bekam eines
der besten Fahrzeuge
dieser Tage geliefert –
mit einem Reihen-
Achtzylinder mit 4,6
Liter Hubraum, 80 PS
und 100 km/h Höchst-
geschwindigkeit.

Mit dem BMW 3/20 boten die Münchner den ersten eigenen Motor an – der Reihen-Vierzylinder hatte 782 ccm Hubraum und leistete 20 PS.

Opel begeisterte in den 20er Jahren mit einer Werbung, die ihrer Zeit weit voraus war.

In den 20er Jahren begann auch die deutsche Automobilindustrie mit der Fließbandproduktion – hier bei Opel in Rüsselsheim.

spekuliert werden konnte – die Karosseriewerke Schebera übernommen, die zu dieser Zeit für Adler, Benz, Daimler, Opel und Protos arbeiteten.

Schapiro erkannte die Spielregeln der beginnenden Inflation lange vor den Chefs der Firmen, für die seine Karosseriewerke arbeiteten. Er versorgte sich bei den Produzenten mit großen Mengen von Fahrgestellen, bezahlte sie mit Wechseln – und ließ diese dann so lange prolongieren, bis sie nur noch Pfennige wert waren. So hatte er beispielsweise 1921 bei den Benz-Werken 200 Fahrgestelle des Typs 8/20 PS erworben und mit Wechseln bezahlt. Und während man in Mannheim auf das Geld wartete, hatte Schapiro mit dem Erlös der gefertigten Automobile angefangen, Aktien des Hauses zu erwerben. Die Mahnbriefe wurden mit dem Hinweis, dass der Wechsel prolongiert sei, zurückgeschickt – und als im März 1923 der Vorstand Jakob Schapiro aufforderte, nun endlich mit Bargeld zu bezahlen, hatte dieser bereits 40 Prozent der Aktien in seinem Besitz, und die überraschten Mannheimer mussten ihn in den Vorstand aufnehmen. Ein Jahr später hatte er dann 60 Prozent der Aktien des Hauses Benz, und bei Daimler war er auch schon mit 25 Prozent beteiligt. Dazu kamen die Gothaer Waggonfabrik samt den Dixi- und Cyklon-Werken sowie NSU, NAG und Hansa-Lloyd.

Schapiro wollte einen möglichst großen Teil der deutschen Automobilindustrie unter seiner Federführung vereinigen – und er war seinem Ziel schon recht nahe gekommen. Hier trat nun Emil Georg von Stauss auf, der Vorstandssprecher der Deutschen Bank, der seine Gegenstrategie darauf aufbaute, dass die Deutsche Bank alle Schapiro-Wechsel aufkaufte und bei der Fälligkeit die Prolongation verweigerte. Schapiro musste jedes Mal Anteile an die Deutsche Bank verkaufen, da er ja sonst über kein Bargeld verfügte – und so wurde sein Anteil auf 16 Prozent gedrückt. Auf diese Weise kam ein Großteil der Aktien in den Besitz der Deutschen Bank.

› Benz und Daimler fusionieren

Trotzdem war allen Beteiligten klar, dass auch bei den hervorragenden Namen der Firmen Benz und Daimler das Überleben des Einzelnen nicht mehr gesichert war. Es ist Wilhelm Kissel zu verdanken, dass die Fusion zwischen den beiden ältesten Autofirmen der Welt zu Stande kam. Kissel war im Alter von 19 Jahren als Korrespondent bei der Firma Benz & Cie. eingetreten, 1917 erhielt er Prokura, kurz darauf wurde er Direktor im Hause Benz. Er hatte das Spiel von Jakob Schapiro miterlebt, und er suchte nun einen adäquaten Partner – den Kissel auch bald in Daimler gefunden hatte.

Nach langen Diskussionen wurde im Mai 1924 eine Interessen- und Verkaufsgemeinschaft der beiden Unternehmen gegründet – dann verhandelte man über eine Gemeinschaftsquote, damit die beiden Bilanzen auf eine gemeinsame Ebene gebracht werden konnten. Dabei bekam Daimler 654 Tausendstel und Benz 346 Tausendstel zugesprochen. Obwohl die Interessen- und Verkaufsgemeinschaft eine Laufzeit bis zum Jahr 2000 hatte, sorgten die Ereignisse der nächsten Jahre dann doch für eine Beschleunigung der Fusion: 1925 bauten beide Firmen nur noch 3666 Personenwagen – das entsprach dem Stand von 1910. Und als im Jahr darauf diese Zahl um weitere 40 Prozent sank, wurde endgültig fusioniert. Zwar war Schapiro – der ja noch immer 16 Prozent der Aktien besaß – weiter im Aufsichtsrat, doch 1929 musste er auch diesen Stuhl verlassen, nachdem 1928 die Deutsche Bank die total verschuldeten Firmen Dixi und BMW und die Dresdner Bank gemeinsam mit Fiat die ebenso ruinierten NSU-Werke übernommen hatten.

Obwohl Kissel zusammen mit dem Baurat Fritz Nallinger und dem Chefkonstrukteur Hans Nibel aus Mannheim nach Stuttgart zu Daimler gekommen waren, hatten sie nur den Erfolg der Firma Daimler-Benz im Sinn. Das zeigte sich rasch an der Tatsache, dass bis zum Jahr 1927 – als ein gemeinsames Modellprogramm realisiert worden war – die Fahrzeuge des Hauses Benz verschwunden waren.

› Konkurrenz aus dem Ausland

Das Hauptproblem der Automobilhersteller war ein Passus des Versailler Vertrags, der den Siegermächten so große zollfreie Kontingente verschafft hatte, dass auch der rentabelste Betrieb nicht gegen die Dumpingpreise der Importeure ankämpfen konnte. Zwar versuchte die Regierung, mit einem neuen Zolltarif die deutschen Produzenten besser zu schützen – diese Maßnahme half jedoch nicht viel, dafür waren zu viele schon in desolatem Zustand. Hinzu kam, dass etliche ausländische Firmen noch zusätzlich im Deutschen Reich Fahrzeuge montieren ließen: General Motors fertigte in Deutschland Chevrolets, Buicks und Cadillacs (letztere natürlich nur in verschwindend geringen Stückzahlen). Von 1926 bis 1934 montierte Ford 25.635 Modelle amerikanischen Ursprungs; ab August 1933 trugen dann alle Vierzylindermodelle und ab Mitte 1935 auch alle V8-Fahrzeuge das Emblem Ford – Deutsches Erzeugnis.

Wie viele Fahrzeuge NSU/Fiat, die deutsche Tochter des italienischen Großfabrikanten, montierte, ist nicht mehr exakt feststellbar; es dürften etwa 22.000 Automobile gewesen sein.

1924 erschien bei Mercedes der Typ 15/70/100 PS, ein Sechszylinder mit Kompressor, der nach der Fusion von Daimler und Benz in Typ 400 umbenannt wurde.

Frauen und Automobile – für die Werbegrafiker ein scheinbar unerschöpfliches Thema.

Um aus der Wirtschaftskrise zu kommen, bot Opel den 4/20 PS Ende der 20er Jahre zum Kampfpreis von 1900 Reichsmark aufwärts an.

Ford-Werbung in den 20er Jahren: Fünf Jahre Garantie für jeden Wagen – davon träumt der Käufer heute. Zusätzlich wurde stolz darauf hingewiesen, dass „sämtliche Ersatzteile sofort lieferbar" seien.

Sterne Stevens entwarf 1924 dieses Plakat für die Firma Buick – der Vertrieb für Bayern war in der Paul-Heyse-Straße 9 in München zu Hause.

Und auch Citroën hatte 1927, in einer stillgelegten Waggonfabrik in Köln-Poll, mit der Montage des Typs B 14 begonnen. Rund 1000 Arbeiter sorgten hier bis 1935 für den Zusammenbau der Typen B14, C4, C6, 8A, 10A, 15A sowie der Frontantriebtypen 7 und 11. Knapp 19.000 Fahrzeuge wurden ausgeliefert.

Noch heute unterschätzt man zu leicht den Anteil der importierten oder in Deutschland montierten Fahrzeuge ausländischer Firmen: 1927 waren von den 97.000 zugelassenen Autos 28,4% von Ausländern geliefert oder montiert. Dieser Anteil stieg bis 1929 auf 40,8% – während die deutschen Produzenten nur ganze 4809 Fahrzeuge im Ausland absetzen konnten. Kein Wunder, dass bei wachsender Arbeitslosigkeit die Stimmung immer erbitterter wurde.

In den Jahren 1922 bis 1926 war die Anzahl der deutschen Produzenten von 77 auf 30 zusammen geschrumpft – Namen wie Apollo, Beckmann, Bergmann, Bob, BZ, Club, Cyklon, Diana, Dinos, Dürkopp, EGO, Ehrhardt, Elite, Eos, Fadar, Fafnir (hier wurde bereits 1919 einer der ersten Kompressorsportwagen gebaut), Faun, Freia, Fulmina, Garbaty, Gasi, Geha, Grade, HAG, Heim, Helios II, Hildebrand, Joswin (hier wurden Mercedes-Motoren montiert), Koco, Komnick, Körting, Landgrebe, Lesshaft, Libelle, Lindcar, Lipsia, Loreley (ab 1906 bereits mit Sechszylindermotoren), MAF, Magnet, Maja II, Mannesmann, Mauser (hier wurden die skurrilen Einspurmodelle gebaut), Minimus, Mölkamp, Moll, Monos, Morgan II, Omega I, Otto, Peer Gynt, Phänomen, Pluto, Presto, Priamus, Protos, Rabag, Rex-Simplex, Rhemag, Rumpler (mit der originellen Stromlinienkarosserie), Rüttger, S. B., Selve, SHW, Sphinx, Spinell, Steiger, Stolle, Szawe, Tourist, Utilitas, Voran, Wesnigk, Wittekind und Zimmermann II waren in den 20er Jahren zu Grunde gegangen.

Diese lange Liste mag zwar mühsam zu lesen sein – sie zeigt jedoch, wie vielfältig das Angebot in diesen Jahren war. Wer den Mut und etwas Geld hatte, machte sich selbständig und produzierte zumeist Kleinwagen. Ein- und Zweizylindermotoren wurden montiert; viele Produzenten kauften ihre Triebwerke bei Fremdherstellern, bevorzugt wurden Motorradmotoren in die Fahrgestelle gehängt; Dreiräder erlebten eine Blütezeit – nie wieder sollte es so viele Kleintransporter geben.

› Qualität setzt sich durch

Die 20er Jahre brachten aber neben der Vielzahl der Produzenten auch eine deutliche Verbesserung der Technik. Die Motoren wurden leistungsfähiger, sie begannen länger zu halten, und das bei reduzierten Wartungsansprüchen. Nun galt es nicht mehr, jeden Tag oder alle paar hundert Kilometer etliche Schmiernippel abzuschmieren – was bis dato ohnehin zumeist nur von Chauffeuren oder versierten Bastlern zu bewerkstelligen war. Die Service-Intervalle wurden größer – man hatte nur noch alle 2500 Kilometer zum Kundendienst zu kommen.

Die Werkstätten übernahmen mehr und mehr die Arbeit der Chauffeure – und die Verminderung der Firmenzahl hatte auch ihre Vorteile: Händlernetze konnten überregional gebildet werden, Fernreisen führten bei Pannen nicht mehr zwangsläufig zur Heimfahrt mit der Eisenbahn. Die Ersatzteilversorgung verbesserte sich, das Automobil konnte alltagstauglich werden.

Bei den Zulieferern hatten sich ebenfalls die Stärksten durchgesetzt: Der 1861 bei Ulm geborene Robert Bosch hatte sich durch die Entwicklung der Magnetzündung bei den Motorkonstrukteuren unentbehrlich gemacht. Die von ihm gegründete Firma wurde rasch zu einem der überragenden Fahrzeug-Elektrik-Unternehmen und ist dies bis heute geblieben. Die Firma Mahle, einer der wichtigsten Kolbenhersteller der Welt, die Firma Behr, die zum wichtigsten Kühlerhersteller avancierte, Alfred Teves, der bei Bremsen und Kupplungsbelägen unter dem Namen ATE bis heute mit führend ist, und die Firma VDO, die bis zum heutigen Tag den Großteil aller Armaturen herstellt – sie alle wurden in den 20er Jahre endgültig zu dem, was sie heute noch darstellen. Das Auto war erwachsen geworden, jetzt musste es nur noch für die breite Masse erschwinglich werden.

1926 brachte Wanderer den W 10 auf den Markt, der mit seinem 30 PS starken 1,6-Liter-Vierzylinder immerhin 85 km/h erreichte – der Viersitzer verkaufte sich auf Anhieb gut.

Zum Personentransport war nahezu jedes Mittel recht. Die ADKA-Motorrad-Limousine kam aus München und machte 1927 eine fabelhafte Werbung – doch das Fahrzeug ließ sich nie in größeren Stückzahlen verkaufen.

Luxus der zwanziger Jahre

9609-15

Mercedes-Benz

Mit dem Automobil hatte man es nie leicht – damals wie heute. Das könnte auch daran gelegen haben, dass das Auto zu Beginn seiner Karriere so teuer war, dass es sich nur die wenigsten leisten konnten, eine dieser pferdelosen Kutschen in ihre Remise zu stellen. Es bedurfte schon einer gewissen technischen Aufgeschlossenheit, sich mit jenen sündteuren Vehikeln sehen zulassen – und die Tatsache, dass Kaiser Wilhelm II. das Automobil eigentlich für überflüssig hielt (wozu hat der liebe Gott die Pferde erfunden?), trug auch nicht gerade zu seiner Beliebtheit bei.

› Fortschritt durch Luxus

Es war dem kaiserlichen Bruder – dem Prinzen Heinrich – zu verdanken, dass das Automobil bei Hofe zumindest akzeptiert wurde. Und nachdem der erste Deutsche Automobil-Club des Nachts auch noch eine Fackelparade hoch am Volant vor dem Kaiser abgehalten hatte, durfte er sich endlich Kaiserlicher Deutscher Automobil-Club nennen – und der Marstall bekam den Auftrag, ein paar dieser Vehikel anzukaufen.

Prinz Heinrich, der in Ermangelung anderer Aufgaben gerne mit dem Automobil an Zuverlässigkeitsfahrten teilnahm – eine wurde auch sogleich nach ihm Prinz-Heinrich-Fahrt genannt –, machte das Automobil im Geld- und im echten Adel populär. Heinrich bevorzugte die Wagen der Firma Benz, erfand bei einem Gewitterguss den Scheibenwischer und ermunterte die Hersteller zu immer mehr Leistung und Qualität.

Dieser kleine Rückgriff in die Geschichte soll eines zeigen: Den Fortschritt gab es immer nur durch Luxusmarken, durch die Produzenten, deren Käufer sich das Beste leisten konnten – die sogar das Beste forderten. Gerade die Luxusmarken waren zuerst bereit, außergewöhnliche Konstruktionen anzubieten; ihre Kundschaft wusste das Besondere zu schätzen und hatte auch das Geld, es zu bezahlen.

Das wussten die Firmen Benz und Daimler in Deutschland genauso gut wie die Herren Rolls und Royce in England. Und auch Ettore Bugatti begann bereits 1914 mit ausgefallener Technik – sein Typ 13 hatte bereits vier Ventile pro Zylinder – ein Image aufzubauen, das ihm später erlaubte, seiner Kundschaft nahezu alles anbieten zu können, was er für richtig hielt.

Das Technikkapitel sollte ein wenig ausführlicher erläutert werden: Die Militärs hatten zu Beginn des Krieges mit Motoren – egal ob in Automobilen, Lastwagen oder Flugzeugen, später in Tanks – noch nicht viel im Sinn. Die Kavallerie stand ihnen näher am Herzen; als die Pferde jedoch von den motorisierten Einheiten rasch aufgerieben wurden, hatte die Motorindustrie rasch Hochkonjunktur.

Während am Boden hauptsächlich Zuverlässigkeit und die Ökonomie gefragt waren, mussten die Flugzeugmotoren immer mehr Leistung entwickeln. Der Grund dafür war einfach: Wer mehr Leistung hatte, konnte höher fliegen – und wer höher flog, konnte auf den Gegner herabsehen und ihn leichter abschießen.

So wurde bei den Flugzeugmotoren manche Technik weiter entwickelt, die zuvor zwar bereits theoretisch bekannt, in der Praxis jedoch noch nicht zum Einsatz gekommen war. Der Kompressor ist dafür ein typisches Beispiel; er war zwar ursprünglich von den Brüdern Roots in den USA als Wasser- und Getreidepumpe entwickelt worden, ermöglichte nun jedoch auch die Zwangsbeatmung des Zylinders mit Luft – oder besser: mit Sauerstoff. Und da die Verbrennung (oder der Wirkungsgrad) mit mehr Sauerstoff besser wird, erhöhte sich auch die Leistung – und die mögliche Flughöhe. Natürlich kamen auch neue und bessere Werkstoffe zum Einsatz; man experimentierte viel, und die Ergebnisse brachten das Automobil einen großen Schritt voran.

Accessoires sind keine Erfindung der Neuzeit – diese Zigaretten-Etuis produzierte Mercedes-Benz bereits in den 20er Jahren für seine besten und zahlungskräftigsten Kunden.

› Ein neuer Stern am Autohimmel

Ferdinand Porsche, der bereits im Jahr 1900 mit seinem Lohner-Porsche für Aufsehen gesorgt hatte – er montierte hier einfach an jedes der beiden Vorderräder einen elektrischen Radnabenmotor, deren Stromversorgung durch einen Verbrennungsmotor sichergestellt wurde –, wurde Chefkonstrukteur bei Austro-Daimler, beschäftigte sich im Krieg mit Flugzeugmotoren und entwickelte nebenbei noch Mörserzugwagen, bevor er nach dem Kriegsende sich wieder seiner

Mit den von Ferdinand Porsche geschaffenen Kompressor-Modellen gewann Mercedes-Benz auf der ganzen Welt ein exklusives Publikum – hier der amerikanische Schauspieler Al Jolson mit Frau vor seinem S-Cabriolet.

„Es ist in Mode, einen Peugeot zu fahren..." – so machte das französische Haus in diesen Jahren auf die eigenen Produkte aufmerksam.

Der Beginn einer Legende: Der spätere Mercedes-Rennleiter Alfred Neubauer und sein Beifahrer Georg Auer sitzen hier in dem von Ferdinand Porsche konstruierten „Sascha" vor dem Start zur Targa Florio 1922. Porsche selbst steht rechts hinter der Ziffer 6.

eigentlichen Leidenschaft zuwenden konnte: dem Hochleistungswagen. Die erste Kostprobe seines Könnens war der 1,1-Liter-Sascha-Vierzylinder, mit dem ein junger Werksfahrer 19. im Gesamtklassement bei der Targa Florio des Jahres 1922 wurde, ein Mann, von dem später noch zu erzählen ist: Alfred Neubauer, der legendäre Rennleiter des Hauses Daimler-Benz.

Dann übernahm Porsche den Stuhl des Chefkonstrukteurs bei Daimler in Stuttgart – und hier entwickelte er im Sommer 1923 den Nachfolger des veralteten Typs 28/95 PS, der bereits im Herbst mit der Bezeichnung 15/70/100 PS vorgestellt wurde. Die Typenangabe entsprach der Aufschlüsselung nach Steuer-PS, Motorleistung ohne Kompressor und Höchstleistung mit zugeschaltetem Kompressor. Dieser Sechszylinder mit dem Hubraum von 3920 ccm war die Basis für die S- bis SSKL-Baureihe, die heute als Inbegriff des Luxuswagens der 20er Jahre gilt.

Rasch wurde dem Typ 15/70/100 PS eine größere Hubraumvariante zur Seite gestellt: Dieser 24/100/140 PS hatte nun 6240 ccm und zugleich das Handikap, 2500 Kilogramm bewegen zu müssen. Kein Wunder, dass die sportlich orientierte Kundschaft im Werk nach einer Renn-Variante verlangte. Zwar wurde dieser Wunsch nicht erfüllt (reine Rennwagen gab es erst 1934 wieder zu bewundern) – der Vorstand gab jedoch die Erlaubnis, eine Version mit verkürztem Radstand (3400 mm anstatt 3750 mm) zu produzieren. Er bekam den Namen K und erhielt parallel dazu eine S- oder Sport-Variante, die normalerweise 180 PS abgab – im Renneinsatz konnten es dann auch einmal 220 PS werden, die allerdings nur von Spezialisten gemeistert wurden.

Wie vorauszusehen, wollten immer mehr gut betuchte Kunden den S, dessen weiterentwickelter Motor 1928 schon bis zu 225 PS leistete, als Traumwagen auf normalen Straße benutzen. So wurden 138 Exemplare dieses bis zu 200 km/h schnellen Wagens verkauft, und das trotz eines Preises von bis zu 30.000 Reichsmark. Manche kauften sich auch nur ein Chassis und beauftragten dann die besten Karosseriefirmen, die damals noch in der Lage waren, nahezu jeden Wunsch zu erfüllen.

Dennoch war ein Teil der verwöhnten Klientel unglücklich: Der S war recht eng und unkomfortabel und eignete sich auch nicht für jede Art von Aufbau. Die Antwort der Stuttgarter hieß: SS oder Super-Sport. Die Karosserielinie wurde etwas höher gelegt und die Leistung etwas angehoben, der auf 7,1 Liter Hubraum vergrößerte Sechszylinder leistete nun mit eingeschaltetem Kompressor 200 PS. 155 Exemplare dieses Traumwagens wurden ausgeliefert – Traumwagen schon bei der Entstehung und erst recht heute.

Als absoluten Höhepunkt gab es von dieser Version auch noch einen kurzen Ableger mit der Bezeichnung „SSK" – der Radstand betrug hier nur noch 2950 mm –, von dem 45 oder 46 Exemplare gebaut wurden. Obwohl der SSK, der zum größten Teil mit 27/170/225-PS- oder 27/180/250-PS-Motoren ausgeliefert wurde, eigentlich nur für Renneinsätze bestimmt war, gab es dennoch einige Kunden, die ihren SSK mit Kabrio- oder Coupé-Aufbauten für den normalen Straßeneinsatz versehen ließen. Die letzte Steigerung war dann noch der SSKL, der aber nur bei Rennen eingesetzt wurde und deshalb an anderer Stelle gewürdigt wird.

› Aus Horch wird Audi

Es gab aber nicht nur Daimler-Benz im Luxuswagenbereich, auch die Firma Horch beispielsweise versuchte mit großen Achtzylindern den Stuttgarter Konkurrenz zu machen. Der Konstrukteur war pikanterweise Paul Daimler, der Sohn von Gottlieb Daimler, der nach dem Engagement von Ferdinand Porsche seinen Arbeitsplatz in Stuttgart geräumt und den Posten des Chefkonstrukteurs bei Horch angetreten hatte. August Horch selbst hatte seine Fabrik nach einer Anzahl brillanter Automobile – darunter bereits 1904 einen Vierzylinder mit Kardanantrieb – im Jahr 1909 verlassen und in Zwickau eine neue Firma mit seinem Namen gründen wollen. Seine ehemaligen Partner erreichten jedoch einen Gerichtsbeschluss, der Horch verbot, mit diesem Namen erneut Fahrzeuge zu benennen. Daraufhin wählte Horch die lateinische Übersetzung seines Namens und taufte seine Wagen fortan „Audi".

Diese Marke bestand bis zum Jahr 1928, dann übernahm DKW die Produktionsstätten, und 1932 wurde aus den Firmen Audi, DKW, Horch und Wanderer der Firmenverbund Auto Union gebildet.

Horch – unter der Leitung von Daimler – blieb für einige Jahre einer der großen Konkurrenten von Daimler-Benz. Man begann in Zwickau mit einem 3,1-Liter-Reihenachtzylinder mit 60 PS Leistung, zwei oben liegenden Nockenwellen und mit Leichtmetallkolben; die Typen 430 und 450 waren bis in die Mitte der 30er Jahre äußerst begehrte Prestigeobjekt. 1931 wurde sogar ein V-12-Zylinder mit 6 Liter Hubraum und 120 PS Leistung unter der Bezeichnung 600 und 670 zu Preisen zwischen 23.500 und 26.000 Reichsmark verkauft. Aber der Kundschaft war der Zwölfzylinder wohl doch zu teuer. Oder sie wollte, wenn man schon derart viel Geld ausgab, sich doch lieber gleich mit dem Stern schmücken – so wurden nur ganze 81 Exemplare verkauft.

Der Typ 680 S – auch 26/120/180 PS genannt – war das erste Modell in der Reihe der S-, SS-, SSK- und SSKL-Modelle, die die Krönung der Mercedes-Benz-Automobile in den 20er Jahren darstellen sollten.

1927 machte Renault mit dieser Zeichnung Werbung für den „Reinastella", der mit seinem 7,1-Liter-Reihenachtzylinder das Top-Modell des Hauses darstellte.

Aus dem Daimler 24/100/140 PS entstanden von 1927 an die 20 PS stärkeren 24/110/140 PS-Modelle, die erstmals die Bezeichnung K für Kompressor trugen – hier eine Sonderkarosserie von Saoutchik.

Der Horch Typ 350, der von Paul Daimler entwickelt worden war, wurde von Fritz Fiedler zur Serienreife gebracht – damit gelang es dem Unternehmen, die 80 PS starke Luxus-Limousine in den Rezessionszeiten zu immer günstigeren Preisen anzubieten.

Nach dem Zusammenschluß der Auto Union AG war der Horch-Zwölfzylinder das Top-Modell der Gruppe – hier die große Innenlenker-Limousine, von der nur 27 Exemplare verkauft wurden.

› Maybach: Edles aus Friedrichshafen

Der größte Konkurrent auf dem Luxuswagenmarkt jedoch war die in Friedrichshafen am Bodensee ansässige Firma Maybach. Sie wurde 1909 von Graf Zeppelin gegründet, der hier eine Fabrik für Luftschiffmotoren haben wollte und sich als Chefkonstrukteur Karl Maybach holte, den Sohn von Wilhelm Maybach.

Karl Maybach war ein würdiger Sohn seines Vaters und schuf in der Zeit von 1914 bis 1918 den ersten Höhenflugmotor und 1923 den ersten schnell laufenden Dieselmotor. Da Maybach – wie so viele andere Flugzeug- und Flugmotorenpioniere – nach dem Krieg keine Arbeit auf seinem Spezialgebiet mehr leisten durfte, wandte er sich dem Automobilbau zu und schuf von 1922 bis 1941 rund 2100 Automobile, die bis zum heutigen Tag Maßstäbe für Verarbeitung und Qualität setzen.

In Friedrichshafen wurden nur Sechs- oder Zwölfzylinder gebaut; am Anfang stand ein 5,7-Liter-Reihensechszylinder mit 70 PS Leistung, einer Höchstgeschwindigkeit von 105 km/h und Preisen zwischen 22.600 und 33.400 Reichsmark. Ursprünglich war dieser Motor für den Antrieb von Booten und für den Verkauf an andere Produzenten entwickelt worden – da jedoch nur die holländische Firma Spyker rund 150 Exemplare bestellt hatte und andere Aufträge ausblieben, begann man dann selbst mit dem Bau von Automobilen.

Von Anfang an wurde auf außergewöhnliche Technik Wert gelegt: Vierradbremsen waren bereits selbstverständlich, und der ungewöhnlich elastische Motor ließ ein Fahren ohne Schaltung zu. Dabei sorgte ein extra starker Elektroanlasser für das Anfahren, anschließend konnte der Fahrer durch einen Tritt aufs Gaspedal zum normalen Motorantrieb übergehen. Nur für steile Bergstraßen und zum Rückwärtsfahren gab es ein zweistufiges Planetengetriebe. Diese ungewöhnliche Technik wurde erst 1926 – also nach vier Jahren Produktion – auf Wunsch durch ein Vierganggetriebe ersetzt. Ein weiteres interessantes Detail des Sechszylinders: Er besaß bereits eine Doppelzündung – hier gab es also zwei Zündkerzen pro Zylinder für die Zündung des Benzin-Luft-Gemischs.

› Der lange Atem fehlt

Kurz bevor die Opel-Brüder ihren Besitz an General Motors verkauften, hatten sie sich ebenfalls an einem Luxuswagen versucht. Der 24/110-PS-Regent hatte einen 6-Liter-Reihenachtzylinder, dessen 110 PS mittels eines Maybach-

Getriebes an die Hinterachse gebracht wurden. Es gab drei verschiedene Karosserievarianten zur Auswahl: einen siebensitzigen Tourenwagen für 19.500 Reichsmark, einen schicken zweisitzigen Roadster für 20.000 Reichsmark und eine Pullman-Luxuslimousine für 21.000 Reichsmark. Leider hatte dieser Opel-Traumwagen einen Nachteil: Als die Amerikaner 1929 Opel übernahmen, wollten sie kein Konkurrenzmodell zu ihren eigenen großen Modellen im Opel-Programm. Und so wurden alle 25 gebauten Opel Regent von den neuen Besitzern zurückgekauft und verschrottet.

Andere deutsche Luxuswagenhersteller waren beispielsweise noch Adler, Röhr oder die in Stettin ansässige Firme Stoewer, die über teilweise hervorragende Technik verfügten – denen aber allen der lange finanzielle Atem fehlte.

› Bugatti: Die aufregendsten Autos ihrer Zeit

In den anderen europäischen Ländern hatten sich ebenfalls einige Hersteller auf dem Luxusmarkt durchgesetzt – da wäre an erster Stelle Ettore Bugatti zu nennen, der sich Herbst 1909 in dem elsässischen Städtchen Molsheim selbständig gemacht hatte. Von dort aus eroberte er sich den Ruf, die schönsten und aufregendsten Autos der Welt zu bauen. Für Ettore Bugatti waren die Begriffe Automobil und Kunst zu einer Einheit geworden. Schon Großvater und Vater waren in Mailand Künstler gewesen, sein Bruder Rembrandt Bugatti war ein begabter Bildhauer und durch seine Tierplastiken bekannt geworden.

Ettore gestaltete seine Fahrzeuge wie Kunstwerke: Auch die Teile, die von außen nicht sichtbar waren, hatten seinen ästhetischen Ansprüchen zu genügen. Das Fahrwerk, der Motor, der Innenraum, die Karosserie – alles wurde so gestaltet, wie es ihm gefiel. Wenn andere Techniker Neues gefunden hatten, war das für Bugatti noch lange kein Grund, auch seine Wagen damit auszustatten. Die Automobile selbst wurden verteilt: Wer nicht die Manieren besaß, die Ettore Bugatti von einem Bugatti-Fahrer erwartete, bekam eben keinen Wagen.

Als sich einmal ein Besitzer in Molsheim beschwerte, dass sein Wagen bei niedrigen Außentemperaturen nur schwer anspringe, bekam er zur Antwort: „Der Käufer eines Bugattis sollte sich auch eine heizbare Garage leisten können", und als sich ein anderer Kunde über die seiner Meinung nach unterdimensionierten Bremsen beschwerte, erreichte ihn folgender Brief: „Ich halte die Bremsen nicht nur für ausreichend, sondern sogar für hervorragend – sollten Sie eine andere Meinung vertreten, stelle ich es Ihnen anheim, den Wagen zu verkaufen."

Mit dem „Astura" hatte Vincenzo Lancia von 1934 bis 1937 einen 2,6-Liter-Achtzylinder in V-Form im Programm, der zwischen 72 und 82 PS leistete – und als einer der großen Luxuswagen Italiens galt.

Mit neun Litern Hubraum aus sechs Zylindern war der 40 CV der größte Renault aller Zeiten – die mehr als fünf Meter lange Karosse kostete bereits 1928 105.000 Francs.

Der Traum vom Reichtum – und einem Sechszylinder-Renault mit
Chauffeur. Die Hersteller von Luxuswagen wussten schon sehr
früh, womit sie ihre Klientel begeistern konnten.

Von 1910 bis 1945 stellte Bugatti 46 verschiedene
Typen her, und obwohl davon nur 19 Modelle ausdrücklich als
Grand-Prix- oder Rennwagen ausgewiesen wurden, hatte jedes einzelne Fahrzeug mehr Rennerfahrung in sich als die meisten sogenannten Sportwagen dieser Zeit. Nur selten gab es
bei einem Produzenten eine so direkte Verzahnung zwischen
Serien- und Rennwagenproduktion. Was sich im Rennen
bewährt hatte, wurde direkt an den Kunden weitergegeben.

Obwohl vereinzelt auch Vierzylindermotoren auftauch-
ten, stellte Bugatti normalerweise nur Achtzylinder her, mit
Hubräumen von 2 bis 5 Liter, mit Leistungen bis zu 200 PS –
gekleidet in faszinierende Karosserien, die ab Mitte der 30er
Jahre von Jean Bugatti, dem Sohn von Ettore entworfen wurden. Als Jean Bugatti im August 1939 bei der Probefahrt mit
einem Typ 57 SC – einem 3,3-Liter-Achtzylinder mit Kompressor – einem betrunkenen Fahrradfahrer ausweichen wollte und dabei tödlich verunglückte, begann der Vater zu
resignieren.

Nach dem Zweiten Weltkrieg sollte noch einmal mit der
Produktion in Molsheim begonnen werden, sie kam jedoch
nicht mehr zu Stande; ein paar Einzelstücke wurden noch gebaut, dann war auch diese Legende für etliche Jahrzehnte am
Ende.

› Ausgefallenes aus Italien und Frankreich

In Italien waren zwei Konkurrenten erwachsen: Der bereits
erwähnte Vincenzo Lancia erstaunte mit dem Lambda,
darauf folgte der Dilambda, dessen 4-Liter-Achtzylinder über
eine oben liegende Nockenwelle und 100 PS verfügte. Der
Astura war Mitte der 30er Jahre ein Traumwagen, auf dessen
Fahrgestell viele Karosseriefirmen Meisterwerke schufen;
und mit der Aprilia setzte Lancia einen Meilenstein für Aerodynamik und Fahrwerk.

Dazu hatte sich seit dem Jahr 1920 die Firma Alfa
Romeo gesellt, die rasch für ihre rassigen Sportwagen
berühmt wurde. Da diese Mailänder Firma sofort auf allen
Rennstrecken antrat und Hunderte von Siegen errang, wurden die Wagen dieses Hauses zu Statussymbolen par excellence. Die Sechs- und Achtzylinder gelten bis heute als
Meilenstein der Sportwagengeschichte.

Aber auch die Franzosen hatten einiges zu bieten:
Renault baute mit dem über fünf Meter langen 40 CV ein Spitzenmodell, das sich allerdings nur die wenigsten leisten konnten. Deshalb gab es auch anschließend die luxuriösen Sechs-
und Achtzylindermodelle mit den schönen Namen Primastel-
la, Reinastella und Nervastella.

Citroën antwortete mit aufgefallener Technik: 1924 gab es hier die erste Ganzstahlkarosserie, 1926 die ersten Vierrad-Servobremsen und 1934 den legendären Traction Avant, der bis in die Mitte der 50er Jahre produziert wurde.

Peugeot schließlich brachte 1935 den avantgardistischen 402 auf den Markt, bei dessen teuerster Version das Coupédach mit einem Elektromotor komplett im Kofferraum versenkt werden konnte. Der 2-Liter-Vierzylinder leistete 55 PS und brachte Höchstgeschwindigkeiten bis 120 km/h. Natürlich gab es nicht nur das teure Cabriolet transformable électriquement, sondern auch eine viertürige Limousine und einen Kombi sowie ein Coupé und ein Kabrio.

In Deutschland und in England hatten die kleinen Karosseriefirmen hingegen noch Hochkonjunktur: Hier wurden die Fahrgestelle mit den Aufbauten versehen, die den Wünschen und Anforderungen der Kunden genau angepasst wurden. Exklusivität wurde noch individuell erworben, wenn auch zu Preisen, die sich nur die wenigsten leisten konnten. Das erklärt auch die geringen Stückzahlen – und die Schwindel erregenden Preise, die heute für so ein Juwel gezahlt werden müssen.

Der Renault 40 CV war zweifellos das bemerkenswerteste Geschöpf dieses Hauses in den 20er Jahren – kein Wunder, dass ihn die Werbung gerne auch an ungewöhnliche Orte wie hier in Ägypten stellte.

Mitte der 30er Jahre eroberte sich Lancia mit dem „Aprilia" und dessen kleinen Vierzylinder V-Motor (Zylinderwinkel: 18°) mit 1,4 und 1,5 Liter Hubraum und 48 PS Leistung ein neues Publikum – von diesem aerodynamisch durchgebildeten Roadster schuf Pinin Farina jedoch nur ein Exemplar.

Die ersten Amerikaner

Die zu General Motors gehörende Firma Pontiac war nach einem stolzen Indianerhäuptling benannt worden – dieses Cabriolet stammt von 1934.

1930 begann die Luxusfirma Cadillac in den USA mit dem Bau von 16-Zylinder-Motoren, die bis 1940 in exakt 4374 Exemplaren produziert wurden.

Während in Europa die Handwerkskunst noch Triumphe feierte, hatten Henry Ford I und seine Kollegen von General Motors längst begriffen, dass die Zukunft des Automobils in der Massenproduktion lag. Das begann mit dem Ford-Modell T – von 1908 bis 1927 wurden rund 15 Millionen Exemplare montiert, davon die meisten schwarz und alle mit derselben Ausstattung. Als die Produktion dann auf das Modell A umgestellt wurde, standen die Fließbänder sechs Monate still, und Ford hatte zum ersten Mal auch die Nachteile der Serienproduktion gespürt. Schließlich konnte sich der Geschmack des Publikums schneller ändern als die Produktionseinrichtungen umstellbar waren. Ford, bis dato davon überzeugt, dass die Käufer gerne auf Individualität verzichteten, sofern nur der Preis günstig war, musste umlernen. Beim Modell A gab es dann auch prompt verschiedene Karosserievarianten.

Ähnlich wie in Europa waren auch in den USA viele Hersteller nur allzu gerne bereit, dem Kunden jeden Wunsch von den Augen abzulesen. Und obwohl GM und Ford natürlich dominierten, gab es Platz für Firmen wie La Salle, Haynes und Auburn. Dazu kamen Cord und Duesenberg, Stutz und Chrysler, Cunningham und De Soto. Und da es den Rahmen sprengen würde, auch noch auf Kleinfirmen näher einzugehen, vermerken wir nur, dass es auch noch Jordan und Du Pont, Hupmobile und Nash, Miller und Lincoln (dieser Luxuswagenproduzent ging 1922 in den Besitz von Ford über) sowie Marmon und Mercury gab – und rund ein Dutzend anderer Namen aus Platzgründen unerwähnt bleiben müssen.

› Das Imperium des E. L. Cord

Eine der faszinierendsten Persönlichkeiten dieser Jahre war der 1894 geborene Erret Lobban Cord, der innerhalb von wenigen Jahren durch unternehmerischen Wagemut drei Automobilfirmen (Auburn – Cord – Duesenberg) und eine stattliche Reihe anderer Unternehmen, darunter die Lycoming-Flugmotoren-Gesellschaft, American Airlines, die Stinson Aircraft Comp. und die New York Shipbuilding Comp., sein eigen nennen konnte. Dieses Imperium gehörte ihm, bevor er 35 geworden war – und er realisierte eine Anzahl bemerkenswerter Wagen, die von der Stunde ihrer Auslieferung an Klassiker waren.

Die Firma Auburn beispielsweise, 1900 von den Brüdern Frank und Morris Eckhart in Auburn (Indiana) gegründet, hatte mit wechselndem Erfolg Sechszylindermodelle verkauft, bis Cord Anfang der 20er Jahre zuerst als Generalmanager und dann als Besitzer die Geschicke übernahm. Zwar waren die Auburn-Modelle nie zu teuer gewesen, aber sie wurden von Individualisten bevorzugt, die sich an das sportliche Design gewöhnt hatten und das Auburn-Image liebten.

Cord perfektionierte diesen Ruf, indem er den Auburn-Modellen einen 4,8-Liter-Reihenachtzylinder verpasste und rasch auch eine Anzahl der aufregendsten Karosserien dieser Jahre kreierte: So gilt der Auburn Speedster des Jahres 1928 mit seinem spitz zulaufenden Bootsheck und seinen 115 PS – Höchstgeschwindigkeit knapp 180 km/h! – bis heute als Inbegriff des Automobils der 20er Jahre. Cord wusste jedoch, was die Kundschaft wollte: Leistung und Optik. Und er bot eine Garantie, dass jeder Wagen die 100-Meilen-Grenze (160 km/h) erreichte. Kurz vor der Produktionseinstellung im Jahr 1936 – Cord hatte sich finanziell übernommen – entwarf dann Gordon Buehring noch den 851/852 Speedster, dessen verchromte Auspuffrohre bis zum heutigen Tag das Kennzeichen eines jeden Oldtimernachbaus geworden sind.

Gordon Buehrig war es auch, der mit dem Cord 812 Designgeschichte geschrieben hat. Zuvor hatte die Marke, die zwischen Auburn und der Luxusmarke Duesenberg angesiedelt war, mit ihren 5-Liter-Reihenachtzylindern und 125 PS eher den Geschmack wohlsituierter Kunden getroffen. Der frontgetriebene Typ 812 war – mit seinen versenkbaren Scheinwerfern – jedoch eher in der Lage, die Individualisten zu befriedigen. Und von denen gab es nicht so viele. Da auch die Topmarke Duesenberg kaum Gewinn erwirtschaftete, musste E. L. Cord gegen 1937 seine Geschäfte einstellen.

› Unsterblich: Duesenberg

Fred Duesenberg, ein gebürtiger Deutscher, hatte 1920 damit begonnen, Fahrzeuge von außerordentlicher Qualität zu bauen, die bereits im Jahr darauf den Großen Preis von Frank-

Dieser Stutz „Bearcat" leistete bereits 1913 stolze 60 PS und gehörte damit zu den sportlichsten Modellen seiner Zeit.

In den 30er Jahren veröffentlichte die Zigarettenfirma John Player & Sons diese Auto-Sammelbilder, die den Zigarettenschachteln beigelegt waren.

Das erste Fahrzeug mit einem Automatik-Getriebe und einer (gegen Aufpreis lieferbaren) Zweiton-Lackierung war der Oldsmobile „Series 90" im Jahr 1940.

Marjorie Stanley und Arthur Manning führten 1936 vor laufenden
Kameras das neueste Modell des frontgetriebenen Cord vor –
ein Wagen, mit dem der Designer Gordon Buehrig Design-
Geschichte schrieb.

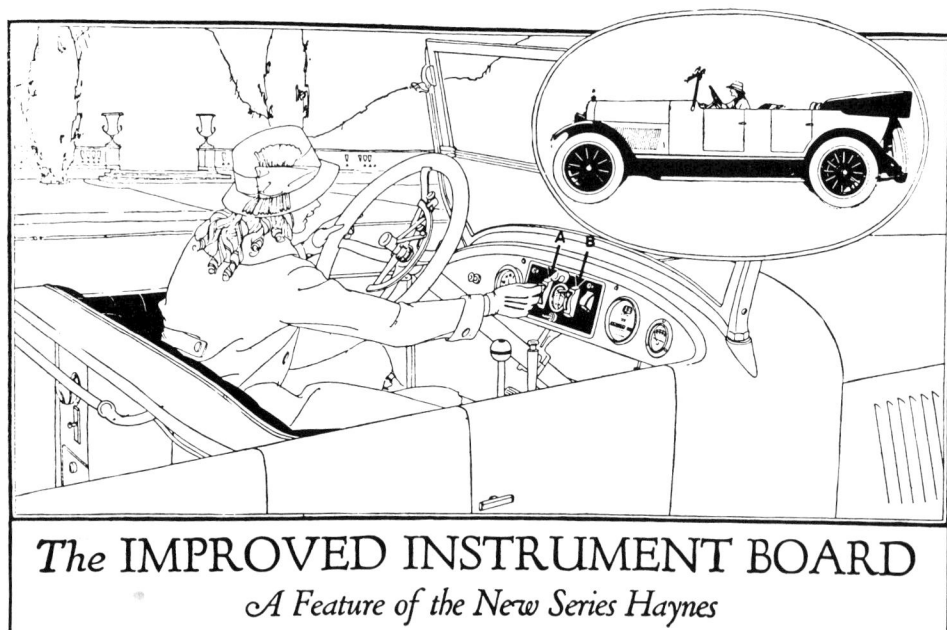

The IMPROVED INSTRUMENT BOARD
A Feature of the New Series Haynes

Von 1894 bis 1925 baute Haynes Automobile, damit gehörte
Haynes zusammen mit Duryea zu den ältesten Autoherstellern
der USA. Diese Werbung stammt von 1920.

reich gewannen. Fred, der von seinem Bruder August unterstützt wurde, hatte auch mit Flugmotoren viel Erfahrung gesammelt, bevor er sich an den Bau des 4,2-Liter-Achtzylinders
wagte, der bereits über 100 PS und die ersten
hydraulischen Vierradbremsen der Welt verfügte. Die beiden
Brüder konnten zwar Automobile bauen, die Leistung und
Zuverlässigkeit besaßen – sie hatten jedoch Schwierigkeiten mit dem Kaufmännischen. Und E. L. Cord kaufte die
Firma 1925 – er veranlasste die Konstruktion der Modelle J
(1929–1937) und SJ (1932–1937).

Mit diesen Reihenachtzylindern, die damals mit ihren
265 PS (Typ J) und 320 PS (Typ SJ) die stärksten Automobile
der Welt waren, wurden die Duesenberg-Modelle unsterblich.
Sie besaßen bereits zwei oben liegende Nockenwellen und
vier Ventile pro Zylinder, und der SJ hatte einen Kompressor,
wie es das S für Supercharger in der Typbezeichnung zeigte.
Die Verarbeitung war über jeden Makel erhaben – nicht um-
sonst wurden die Duesenbergs als die „Bugattis der USA"
bezeichnet. Natürlich waren sie auch nahezu unbezahlbar,
und daraus resultierten nur knapp 450 gebaute Exemplare,
die heute für Schlagzeilen sorgen, wenn einmal eines dieser
Fahrzeuge zur Versteigerung gelangt – der Rekord steht auf
rund 2.000.000 Dollar.

› Legenden Made in USA

Haynes war einer der ersten Autoproduzenten in den USA;
der Gründer Elwood Haynes hatte 1898 in Kokomo (Indiana)
seine Firma eröffnet und mit verschiedenen Zwei- und Vier-
zylindermodellen einen guten Marktanteil erobert, als er 1907
bereits den ersten V12-Motor präsentierte, der aus zwei
Reihensechszylindern im Winkel von 60° zusammengebaut
worden war. Dieser 6-Liter-Motor blieb dann bis zum Jahr
1921 im Programm – es folgte noch ein 5,2-Liter-Reihen-
sechszylinder –, und 1925 wurde die Firma wegen zu hoher
Verbindlichkeiten geschlossen.

Bemerkenswert war auch der Erfolg von Harry Stutz aus
Indianapolis. Er hatte 1900 in fünf Wochen einen Rennwagen
gebaut, mit dem er die Qualität seiner Getriebe und Hinter-
achsen demonstrieren wollte. Da er bei der ersten Ausgabe
des berüchtigten 500-Meilen-Rennens gleich auf Platz elf
kam, beschloss Stutz, komplette Autos zu bauen, und nicht
nur Lieferant zu sein.

Die Produktion von Straßen-Wagen begann 1911 – bis
dahin waren nur Rennwagen zum Verkauf angeboten worden.
Der Bearcat galt 1913 als der Sportwagen des jungen und ver-
mögenden Herrn. Stutz wusste, wie man für gutes Image

sorgte; er montierte in äußerlich absolut serienmäßig aussehende Fahrzeuge Hochleistungs-Triebwerke, die der Kunde niemals kaufen konnte, und siegte bei einem Rennen nach dem anderen.

1919 musste Harry Stutz sein Unternehmen verlassen, das dann durch mehrere Hände ging, bevor 1925 Frederick E. Moscovics neuer Besitzer wurde. Unter seiner Herrschaft konnte der belgische Konstrukteur Paul Bastien einen 4,7-Liter-Reihenachtzylinder entwickeln, der zusammen mit den vier hydraulischen Bremsen und der Frontscheibe aus Sicherheitsglas Maßstäbe setzte. Ein Stutz-Black-Hawk-Speedster wurde noch 1928 beim 24-Stunden-Rennen von Le Mans Zweiter – bis 1935 gab es Motoren mit zwei oben liegenden Nockenwellen und eine vom Werk garantierte Höchstgeschwindigkeit von 100 Meilen (160 km/h).

Die zwei oben liegenden Nockenwellen hatte übrigens Harry Miller aus Los Angeles eingeführt, der von 1915 bis 1932 nur Rennwagen baute (wenn man von zwei Sportwagen auf speziellen Kundenwunsch absieht – die beide über V16-Zylinder-Motoren verfügten). Der berühmte Ettore Bugatti tauschte zwei dieser Miller-Rennwagen gegen drei seiner Fahrzeuge ein, als er sie 1929 beim Großen Preis von Italien in Monza gesehen hatte. Ein Jahr später kam dann der Bugatti Typ 50 auf den Markt, der erste Bugatti mit zwei oben liegenden Nockenwellen.

GM und Ford beschränkten sich auf Großserienprodukte: Natürlich kamen bei den Luxusfirmen Cadillac (GM) und Lincoln (Ford) auch technologische Neuerungen zum Einsatz. Technische Eskapaden leisteten sich aber zumeist die kleinen Hersteller – die dafür auch alle bankrott gingen. Allerdings war Cadillac der erste Hersteller, der sich 1930 an den Bau von V16-Zylinder-Motoren machte und sie bis zum Jahr 1940 im Modellprogramm hatte. 4374 Exemplare wurden nur gebaut, davon ganze 51 Stück im Jahr 1940.

Die 1920 von Henry Leland gegründete Firma Lincoln, die rasch in den Besitz von Ford übergegangen war, baute von Anfang an nur Achtzylinder (zuerst mit 5,8 Liter Hubraum) – ab 1932 gab es dann auch Zwölfzylinder. Einen großen Teil des guten Rufs dieser Marke verdanken die Lincoln-Manager dem US-Präsidenten Calvin Coolidge, der 1923 sein Amt übernahm und einen Lincoln als Dienstwagen wählte. Seit dieser Zeit ist Lincoln die Hausmarke der amerikanischen Präsidenten.

Die Stückzahlen bei Lincoln, waren – für amerikanische Verhältnisse – stets sehr niedrig: Mehr als 35.000 Exemplare wurden auch in den besten Jahren nicht verkauft, eher weniger. Dafür waren sie teurer als die Konkurrenz. Und so gilt Lincoln noch heute in den USA als die feinere Wahl.

Das Ende einer Ära: Mit diesem „Serie 90 Fleetwood" stellte Cadillac 1940 die Produktion der 16-Zylinder-Fahrzeuge ein. Ganze 51 Exemplare wurden in diesem Jahr noch montiert.

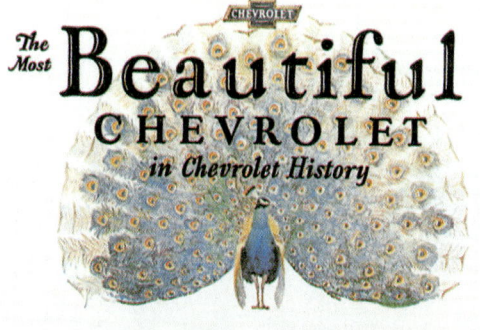

„Quality at low cost" – mit diesem Slogan wurde die Firma Chevrolet zu einem der größten Produzenten der Welt. Dazu entnehmen wir der Werbung aber auch, dass dieses Modell der „schönste Chevrolet in der Geschichte des Hauses" sei.

Volks-Autos werden populär

Auf das Wesentliche reduziert: Beschleunigung – wie Peugeot
sie 1935 sah.

Die ersten Autos waren teuer: Man musste zwar nicht Millionär sein, um sich eines in die Garage stellen zu können – aber zumindest einigermaßen gut betucht. Natürlich hätten die Hersteller gerne für die Masse produziert – doch sie benötigten die Reichen und die Wohlhabenden, um den Aufbau einer Massenproduktion finanzieren zu können. So dauerte es rund zwanzig Jahre, bis die ersten Voituretten oder Light Cars, wie sie in Frankreich und England genannt wurden, angeboten wurden.

› Die ersten Kleinwagen

Rover, Sunbeam und Chater-Lea waren die Hauptvertreter auf der britischen Insel; bei Peugeot hatte Ettore Bugatti mit der Entwicklung des Typs Bébé die Weichen gestellt.

Alle diese Fahrzeuge hatten einen knappen Innenraum, eine nur mäßige Straßenlage und ein bescheidenes Triebwerk. Meist sorgte ein Ein- oder Zweizylinder-Motorradmotor mit 10 oder 12 PS für den Vortrieb. Dass diese Motoren speziell für einen Wagen konstruiert wurden, war nur selten der Fall – der Bébé-Vierzylinder blieb mit seinen 10 PS die große Ausnahme.

Nach dem Ersten Weltkrieg gab es dann einen Boom an Kleinwagen: Die meisten Produzenten mussten allerdings – trotz teilweise interessanter Lösung – rasch wieder Bankrott anmelden. Der Grund lag darin, dass sie alle, als die Zeiten wieder normaler wurden, nicht das Kapital hatten, die Serienproduktion und das Händlernetz auf die Beine zu stellen, das der Kunde rasch als selbstverständlich voraussetzte.

Einige der vielen Firmen, die längst wieder vergessen sind: Alfi, die Akkumulatoren- und Automobilbau AG, bot kleine Personen- und Lieferwagen mit Benzin- oder Elektromotoren an; der Name stammte vom Chef des Unternehmens, Alex Fischer. Arimofa, Zweisitzer der ARI-Motorfahrzeug-GmbH (Plauen/Vogtland) mit Zweizylinder-Boxermotor (12 PS) und vorne mit Einzelradaufhängung. Die Bayerischen Automobilwerke – BAW – bauten von 1923 bis 1924 in Pasing bei München 15 PS starke Drei- und Viersitzer mit automatischem Getriebe. Die Bleichert Transportanlagen GmbH in Leipzig montierte von 1936 bis 1939 kleine Elektropersonenwagen, deren 600 Kilogramm schwere Batterie mit 80 Volt Spannung und 200 Ah Kapazität für eine Reichweite von 70 Kilometer und für die Höchstgeschwindigkeit von etwa 25 km/h sorgte. Diabolo baute Dreiräder im Stil der britischen Morgan-Modelle. Dorner entwickelte bereits 1923 einen luftgekühlten V2-Zylinder für Schweröl (also eine eigene Version des Dieselmotors) mit 4,5 PS Leistung -und verkaufte ganze 24 Exemplare. In Nürnberg war die Firma Ferbedo zu Hause, die 1923 eine Art Motorrad mit vier Rädern vorstellte, bei dem drei Passagiere hintereinander sitzen und die frische Luft genießen konnten – ein Jahr später war die Produktion bereits eingestellt. Freia baute schon 1923 einen 1,3-Liter-Vierzylinder mit Königswellen, einer komplizierten und – beim damaligen Stand der Technik – auch recht anfälligen Form der Nockenwellensteuerung. Und Imperia baute hervorragende Motorräder, bis der ehrgeizige Plan eines Stromliniencoupés, das von einem 750-ccm-Dreizylinder-Zweitakt-Sternmotor im Heck angetrieben werden sollte, rasch den Ruin herbeiführte.

Es gab nichts, was nicht versucht wurde: Die Elektromobilwerke Kaha GmbH in Wasseralfingen probierten sich an einem Einsitzer mit Elektromotor, die Firma Leichtauto machte ihren Namen mit einem kleinen Zweisitzer alle Ehre, dessen selbst tragende Karosserie aus einem mit Kunstleder bespannten Stahlrohrgestell bestand; im Heck arbeitete ein Motorradmotor. Moll baute einen Primitivwagen mit einem 200-ccm-DKW-Motor und zwei hintereinander plazierten Sitzen, und die Firma Slaby-Behringer rühmte sich im Jahr 1921, „Deutschlands kleinstes Auto" zu bauen. Für den Vortrieb sorgte ein 0,25 PS starker Elektromotor, für den Halt des Fahrers eine rahmenlose selbst tragende Sperrholzkarosserie.

Werner Oswald nennt in seinem Buch *Deutsche Autos 1920–1945* nicht weniger als 162 Klein- und Kleinstwagenhersteller, die in dieser Zeit ihr Publikum suchten – und von denen nicht ein einziger überlebte. Da hatten es die etablierten Firmen schon leichter; ihre Kundschaft blieb (zumeist) treu, das Händlernetz sorgte für einen geregelten Verkauf, und die Kinderkrankheiten, von denen neue Konstruktionen so gern befallen werden, beseitigte man auch rasch.

Einige dieser Volks-Wagen wurden bereits erwähnt: der DKW Typ P des Jahres 1928, dem der Typ F1 folgte, der werksintern unter der Bezeichnung FA 600 lief. Hier wurde erstmals

Anfang der 30er Jahre löste Opel die alten Typ-Bezeichnungen mit den PS-Leistungen ab – so bekam die Luxus-Version des „1,8 Liter" nun den Namen „Regent".

Mit dem F 1 bot DKW von 1931 an das preisgünstigste Fahrzeug auf dem deutschen Markt an – für den Zweisitzer mussten 1685 Mark bezahlt werden.

Im Februar 1933 brachten die deutschen Ford-Werke den 1-Liter-Vierzylinder „Köln" auf den Markt – die hier gezeigte 21 PS starke Cabrio-Version kostete 3090 Reichsmark und erreichte 90 km/h.

Der Opel „Olympia" war der erste deutsche Serienwagen mit einer selbsttragenden Ganzstahl-Karosserie – und mit diesem Plexiglas-Modell erklärten die Rüsselsheimer das Bauprinzip.

der Frontantrieb in einer größeren Serie verwirklicht: Angetrieben wurde der F1, der innerhalb von sechs Wochen entstanden war, von dem Zweizylinder-Zweitaktmotor des Typs P, dessen 15 PS hier 75 km/h brachten.

Der Laubfrosch und das Kommissbrot gerieten ebenfalls zu Vorläufern der ersten wirklichen Großserienwagen. Während sich Hanomag nach dem Kommissbrot nicht mehr viel einfallen ließ, baute Opel auf der Basis des Laubfroschs eine ganze Modellpalette auf mit immer besseren Ausstattungen und immer höheren Motorleistungen. Der Erfolg dieser Maßnahmen: Von 1924 bis 1931 wurden 119.484 Exemplare ausgeliefert. Darauf folgten – je nach Fülle der zur Verfügung stehenden Brieftasche – ein 1,8-Liter-Sechszylinder mit 32 PS (Preise zwischen 2700 RM und 3950 RM) und ein 1,2-Liter-Vierzylinder mit 22 PS und Preisen zwischen 2000 RM und 2890 RM – bei letzterem Modell war allerdings ein Koffersatz im Preis mit inbegriffen.

› Durchbruch zur Massenmotorisierung

Der endgültige Durchbruch zum Volks-Wagen wurde jedoch mit dem Opel Olympia geschafft, der 1935 als erster Wagen mit selbst tragender Ganzstahlkarosserie in Großserie ging. Im April begann die Produktion mit der Kabrio-Limousine (2500 RM), im September folgte zum gleichen Preis die geschlossene Limousine – und im Dezember waren bereits 33.402 Exemplare bei den Kunden. Der 1,3-Liter-Vierzylinder leistete 24 PS, der Wagen fuhr 100 km/h schnell, und ab 1937 gab es dann auch (zum selben Preis) ein Vierganggetriebe. Die Kundschaft, die es gerne etwas kleiner hatte, konnte ab November 1936 auch den Kadett haben, der mit dem 1,1-Liter-Motor des P4 (23 PS) ausgestattet war und 400 RM billiger angeboten wurde. Bis zur Produktionseinstellung 1940 wurden 107.608 Kadett und 167.974 Olympia gebaut.

Gustav Röhr hatte, bevor er zu Daimler-Benz ging und dort einen Fronttriebwagen entwickelte, der nie in Serie ging, bei der Firma Adler noch die Modelle Trumpf und Trumpf Junior mitentwickelt, die mit ihren 1,5- und 1,7-Liter-Vierzylindern (Trumpf) sowie 1-Liter-Vierzylindern (Trumpf Junior) rasch sehr beliebt wurden.

Die von Henry Ford I gegründete deutsche Tochter konnte vor dem Krieg solche Zahlen noch nicht aufweisen; schließlich lief die Produktion erst 1933 mit dem Ford Köln an, einem 1-Liter-Kleinwagen mit 21 PS Leistung zum Preis von 1990 RM. Dieses Modell war, zumal es von Ford-England entwickelt worden war, nicht ganz nach dem Geschmack der Deutschen – 2453 Ford Köln wurden nur ausgeliefert. 1935 kam der Ford

Eifel als Nachfolger auf den Markt, wiederum von den Engländern entwickelt, aber mit einer wesentlich besseren Optik wurde er zum Erfolgsmodell: Der 34 PS starke 1,2-Liter-Wagen (2800 RM) verkaufte sich bis 1940 immerhin 61.495mal.

Der Ford Taunus hätte der Nachfolger werden sollen; er wurde jedoch erst im Juni 1939 vorgestellt, und bis 1942 konnten nur noch 7100 Exemplare gebaut werden, dann war Produktionsschluss. Mit diesem Modell begann dann Ford nach dem Zweiten Weltkrieg, seinen Marktanteil zu erobern.

› Der KdF-Wagen

All diese Bemühungen um die Massenmotorisierung fanden jedoch bei den nationalsozialistischen Machthabern nur geteilten Beifall: Sie wollten einen noch preisgünstigeren Volkswagen. Adolf Hitler hatte die Eckdaten klar festgelegt: Vier Personen sollten mit ihrem Gepäck bis 100 km/h schnell reisen können. Und der Preis durfte 1000 Reichsmark nicht überschreiten. Da die deutsche Automobilindustrie keinerlei Neigung zeigte, die eigene Produktion mit diesem Wagen zu gefährden, erkannte der mittlerweile als freier Konstrukteur arbeitende Ferdinand Porsche – der bereits für NSU an einem ähnlichen Projekt gearbeitet hatte – seine Chance: Er schrieb ein Konzept für seinen Volkswagen.

Nach einigen Prototypen entstand mit der Hilfe von Daimler-Benz eine Vorserie von 30 Wagen, die jeweils 80.000 Kilometer problemlos zurücklegen mussten. Als der KdF-Wagen – so die offizielle Bezeichnung nach der Freizeitorganisation *Kraft durch Freude*, die sich um den Bau und den Vertrieb kümmern sollte – diese Tortur hinter sich gebracht hatte, wurden im Mai 1938 das Volkswagenwerk und die Stadt des KdF-Autos, das spätere Wolfsburg, gegründet. Für den KdF-Wagen wurde die Werbetrommel kräftig gerührt, wobei ein Sparkartensystem für die Finanzierung sorgen sollte. Bis Ende 1939 waren bereits 170.000 Deutsche dem Ruf gefolgt: „Fünf Mark die Woche musst du sparen, willst du im eigenen Wagen fahren!" Allerdings sollte kein ziviles KdF-Auto ausgeliefert werden; die wenigen gebauten Fahrzeuge wurden von den Militärs requiriert, der am 1. September 1939 ausgebrochen war.

› Vom Steyr-Baby zur Ente

Aber auch das europäische Ausland konnte Klein- und Volkswagen bauen: In Österreich entstanden zwar zumeist repräsentative und luxuriöse Fahrzeuge – von Austro-Daimler und

1938 präsentierte Opel den neuen „Kadett" für 1795 RM, dessen 1,5-Liter-Vierzylinder mit 37 PS die Basis aller Vierzylinder bis 1965 bildete.

Mit dem „Juvaquatre" brachte Renault 1937 einen kleinen 1-Liter-Vierzylinder auf den Markt, dessen Produktion erst 1948 beendet werden sollte.

Fröhliche Kinder und glückliche Eltern auf einer neuen Autobahn – so stellten sich die Zeichner des KdF-Prospekts die schöne neue Massenmobilität vor.

Der Rdf Wagen

„Baby" – mit diesem liebevollen Spitznamen bedachten die Österreicher den Steyr Typ 55, hier die Stromlinien-Limousine von 1938.

Von 1924 bis 1934 produzierte Fiat etwa 41.000 Exemplare des 508 „Ballila" – hier sorgte ein 1-Liter-Vierzylinder mit 20 PS für den Vortrieb. Der Preis: 10.800 Lire.

Gräf & Stift beispielsweise –, aber es gab auch die Firma Steyr, die 1920 mit der Automobilkonstruktion begonnen hatte. Obwohl man sich bis zur Produktionseinstellung im Jahr 1941 hauptsächlich mit Sechs- und Achtzylindermotoren beschäftigt hatte, sollte der Typ 50/55 ein bemerkenswerter Kleinwagen werden. Hier brachte ein 1-Liter-Vierzylinder-Boxermotor mit 25 PS Leistung 90 km/h. Der Preis betrug allerdings stolze 2950 RM, was der Beliebtheit des Fahrzeugs jedoch keinen Abbruch tat – es wurde liebevoll mit Steyr-Baby tituliert.

Dass die Franzosen und die Italiener Kleinwagen bauen konnten, wurde schon erwähnt: Für Fiat hatte der Chefkonstrukteur des Hauses, Dante Giacosa, von Agnelli den Auftrag bekommen, einen sparsamen Kleinwagen zum Verkaufspreis von 5000 Lire zu entwickeln. Der Preis des Fiat Balilla betrug 11.250 Lire – und dieser Vergleich macht klar, was da verlangt wurde: ein Kleinwagen, der weniger als die Hälfte des bis dato kleinsten Fiat-Modells kosten durfte.

Der Italiener betrachtete zuerst einmal die Konkurrenz: Und er wählte als mögliche Vorbilder den DKW mit seinem Zweizylinder-Zweitaktmotor, den Standard Superior mit derselben Motorenkonfiguration und das Hanomag-Kommissbrot mit Einzylinder-Viertaktmotor. Dazu verglich Giacosa noch den französischen Salomon Maior, der ebenfalls über nur einen Zylinder mit 535 ccm Hubraum verfügte. Allen Fahrzeugen gemeinsam war ein Gewicht zwischen 320 und 400 Kilogramm, und die Höchstgeschwindigkeit lag bei rund 70 km/h.

Nun sollte der Tipo Zero A aber schneller fahren, komfortabler ausgestattet und erwachsener sein – also bekam das Projekt einen Vierzylindermotor, der aus Platzgründen vor der Vorderachse montiert wurde, eine richtige Einzelradaufhängung an den Vorderrädern und eine ausgewachsene Karosserie, die zwei Erwachsene hervorragend und zwei Kinder mittelprächtig transportieren konnte. Das Ergebnis war der Fiat 500, der unter seinem Spitznamen Topolino ab dem 15. Juni 1936 die Welt eroberte.

Bei den Franzosen waren die Wagen auch recht klein: Renault begann seine Modellpalette ab 1937 mit dem Juvaquatre, dessen Reihenvierzylinder über 1003 ccm Hubraum verfügte und 85 km/h erreichte – als Durchschnittsgeschwindigkeit wurden jedoch 60 km/h empfohlen. Bei Peugeot sorgte der Typ 190S mit einem Vierzylindermotor (695 ccm) und 14 PS für den 60 km/h schnellen Einstieg in den automobilistischen Alltag – Preis: 13.900 Franc. Citroën schließlich begann in seiner Entwicklungsabteilung mit der Konstruktion eines anderen Kleinwagens, der – bedingt durch den Krieg – erst 1948 seinen Siegeszug antreten sollte: den 2CV – den Deux Chevaux.

Der „Topolino" –
oder auf Deutsch: das
„Mäuschen" – ist wohl
einer der berühmtesten
Kleinwagen aller
Zeiten. Offiziell hieß
dieser Typ Fiat 500,
und er wurde von 1936
bis 1948 in mehr als
120.000 Exemplaren
gebaut. Der Verkaufs-
preis betrug 1936 nur
8900 Lire.

Teurer wurde es nie wieder

Der Mercedes Typ 500 K war in verschiedenen Karosserievarianten zu erwerben – hier das elegante viersitzige Cabriolet B von 1934.

In den 30er Jahren waren aber auch die letzten Dinosaurier unterwegs: Das Auto hatte noch einmal die Chance bekommen, sich ohne Rücksicht auf die Kosten und mit dem geballten Können der besten Ingenieure in einer Form zu verwirklichen, von der die heutigen Entwicklungschefs nur träumen können.

› Der königliche Bugatti

Allen voran ging einmal mehr Ettore Bugatti: Der Italiener in Frankreich baute den Typ 41, den Bugatti Royale. Seit dem Tag, an dem er sich in Molsheim selbständig gemacht hatte, dachte er nur an diesen Wagen. Und das Ergebnis war wirklich königlich: Ein Radstand von 4,30 Metern, ein Reihenachtzylinder mit 12.759 ccm Hubraum und 300 PS Leistung, eine Höchstgeschwindigkeit von über 200 km/h, und das alles bei einem Leergewicht von 3232 Kilogramm.

Selbstverständlich war auch der Preis dem Namen angemessen: Für 42.000 Dollar war man dabei – sofern man vor den Augen von Ettore bestehen konnte, denn er wollte genau wissen, in wessen Hände seine Juwelen kamen. Und beim Royale war er besonders kritisch: Etliche fürstliche Interessenten, die die Unsumme (der Gegenwert für vier Kompressor-Mercedes!) gerne in Molsheim gelassen hätten, kamen – nach dem Mittagessen mit dem Patron – nicht mehr dazu, ihre Bestellung auszusprechen, ihre Tischsitten hatten nicht gefallen. Nur sechs Royale baute man – ein siebter wurde erst in den früher 90er Jahren vollendet.

Die größte Konkurrenz jener Jahre kam aus Deutschland (Daimler-Benz, Maybach, Horch), aus Großbritannien (Rolls-Royce, Lagonda, Bentley), Frankreich (Delahaye, Hispano-Suiza, Renault), Italien (Isotta-Fraschini) und den USA (Duesenberg, Cadillac, Lincoln, Marmon).

› Daimler-Benz baut Kompressorwagen

Bei Daimler-Benz sorgten vor allem die Kompressormodelle der Typreihen 500K und 540K für Legenden. Der Typ 770 Großer Mercedes wurde in zu kleinen Stückzahlen für Könige, Staatspräsidenten und Industriemagnaten geliefert, als dass er wirklich populär hätte werden können. Ganze 88 Exemplare wurden von 1938 bis 1943 montiert. Und obwohl diese Fahrzeuge, wie im Hause Daimler-Benz üblich, technisch auf dem neuesten Stand waren – mit einem 7,7-Liter-Reihenachtzylinder aus Leichtmetall (155 PS ohne und 230 PS mit zugeschaltetem Kompressor), mit Einzelradaufhängung an den Vorderrädern und einer Doppelgelenk-Hinterachse –, galten doch die 500K- und 540K-Modelle als der Inbegriff des deutschen Hochleistungs-Sportwagens.

Natürlich zehrte diese Baureihe noch vom Ruhm der SSK-Modelle. Allerdings war sie viel handlicher und komfortabler zu fahren als die doch sehr rauhen Vorgänger. Dazu kam, dass die Karosserieabteilung in Sindelfingen sich mit ihren Entwürfen für diese Serienmodelle selbst übertraf. Traumwagen wurden schließlich sonst zumeist von Karosseriekünstlern kreiert, die sich in erlesener Handarbeit Einzelstücken widmeten. Der 500K, der von 1934 bis 1936 in 354 Exemplaren gebaut wurde, hatte einen 5-Liter-Reihenachtzylinder mit 100 PS, der bei Zuschaltung des Roots-Kompressors 60 zusätzliche PS ermöglichte. Damit erreichte der – je nach Karosserieform – zwischen 2170 und 2390 Kilogramm schwere Wagen 160 km/h.

Dieselben Karosserieformen gab es auch für den 1936 vorgestellten 5,4-Liter-Achtzylinder, der nun unter der Bezeichnung 540K die Legende fortsetzte. Die Leistung war auf 115 PS (ohne Kompressor) und 180 PS (mit zugeschaltetem Gebläse) angewachsen. Die Höchstgeschwindigkeit wuchs um weitere 10 km/h auf 170 km/h; die Preise blieben konstant. So waren für den Spezialroadster 540K noch immer 28.000 Reichsmark zu zahlen.

› Maybach und Horch

Gegen diese außergewöhnlichen Fahrzeuge hatte es die deutsche Konkurrenz schwer: Karl Maybach, der Sohn des Weggefährten von Gottlieb Daimler, versuchte es mit Sechs- und Zwölfzylinder-Triebwerken. Ursprünglich sollte der 1929 vorgestellte 7-Liter-V12-Motor die Reihensechszylinder ersetzen; es erschien dann aber zur Zeit der Wirtschaftskrise ungeschickt, das Wohl der Firma nur auf dieses Luxusmodell

Zusammen mit dem Karosseriewerk Spohn in Ravensburg baute das Haus Maybach 1932 auf der Basis eines „Zeppelin V12" diese Stromlinien-Limousine, die im Krieg verschollen ging.

zu stützen. Rund 340 Fahrzeuge verließen die Werkhallen in Friedrichshafen – zu Preisen bis zu 36.000 RM.

Die Technik des ursprünglich mit 7 Liter und später 8 Liter Hubraum ausgestatteten Zwölfzylinders zeigte klar, dass man bei Maybach vom Flugmotorenbau kam: Das Kurbelgehäuse bestand aus einem Leichtmetallgussblock, die Zylinderkopfdeckel, die Ölwanne und Kolben waren ebenfalls aus Leichtmetall, und das Trockengewicht des 150-PS-(7-Liter-) und 200-PS-(8-Liter)-Motors betrug nur 510 Kilogramm.

Nach dem Zweiten Weltkrieg sollte die Produktion noch einmal anlaufen – der Name wäre da gewesen. Es kam nicht mehr dazu, und nachdem Daimler-Benz 1960 Teile des Unternehmens angekauft hatte, war für lange Jahre nicht mehr an eine Rückkehr zum Auto zu denken – doch dann präsentierte Mercedes-Benz im Oktober 1997 auf der Tokyo Motor Show die Studie eines neuen Top-Modells als Mercedes-Benz Typ Maybach. Und mittlerweile weiß man auch, dass dieses Modell im Jahr 2002 auf den Markt kommen wird.

Der zweite große Konkurrent war Horch: Auch hier gab es neben den beeindruckenden Achtzylindern (mit 5 Liter Hubraum und bis zu 120 PS Leistung) von 1931 bis 1934 einen 6-Liter-Zwölfzylinder mit 120 PS Leistung. Man hatte offensichtlich den Versuch unternommen, mit dem Großen Mercedes und dem Zeppelin gleich zu ziehen. Dennoch war – obwohl der Preis mit 23.500 RM für das Kabriolett relativ günstig war – dem Horch 12 keine glückliche Zukunft beschieden: Ganze 81 Exemplare wurden ausgeliefert. Dafür lief das Geschäft mit den Achtzylindern hervorragend: Der Horch 8 galt als einer der schönsten Wagen seiner Zeit und war mit Preisen zwischen 13.900 RM und 22.000 RM (für den eleganten Sportroadster) auch recht preisgünstig.

› Spitze: Bentley, Rolls Royce und Aston-Martin

Bei den Engländern hatten sich einige junge Männer bemüht, gegen den Ruf von Rolls-Royce mit eigenen Spitzenkonstruktionen anzukämpfen: Einer von ihnen war Walter Owen Bentley, der 1921 in Cricklewood damit begann, seine eigenen Fahrzeuge zu bauen. W. O. Bentley, der gemeinsam mit F. H. Royce studiert hatte, stellte 1919 sein erstes Modell vor, den 3-Liter-Bentley – der allerdings erst 1921 zur Auslieferung gelangte. Der Reihenvierzylinder hatte bereits vier Ventile pro Zylinder und leistete bei 3500/min 70 PS. Als besonderen Anreiz versprach Bentley eine Garantie, die über fünf Jahre hinweg gelten sollte. Nachdem 1923 dann auch noch Vorderradbremsen eingeführt wurden, stand im darauf folgenden Jahr dem ersten Sieg beim 24-Stunden-Rennen von Le Mans

nichts mehr im Wege – diesem Sieg sollten noch vier weitere folgen.

Natürlich erhoben sich rasch die Klagen der Kundschaft, die nach mehr Leistung verlangten. Die Antwort war der 6-Liter-Bentley, dessen Reihensechszylinder 140 PS leistete und der zudem bemerkenswert alltagstauglich war. Die Höchstgeschwindigkeit betrug 135 km/h; für die sportlich Ambitionierten gab es dann noch den Speed Six, dessen 180 PS für 160 km/h gut waren.

Bentleys Ruf wuchs rasch: Seine Siege in Le Mans, die sprichwörtliche Zuverlässigkeit seiner Fahrzeuge – Ettore Bugatti hatte die stabilen Bentleys schlicht als „Traktoren" bezeichnet – sorgten für einen guten Geschäftsgang. Und W. O., wie ihn seine Freunde nannten, baute immer neue Modelle: Zwischen das 3-Liter- und das große 6-Liter-Modell wurde noch der 4-Liter-Vierzylinder gesetzt, der 105 PS leistete. Für die Sportfreunde gab es dieses Modell auch mit einem Kompressor, den legendären Blower-Bentley, der – je nach Ladedruck – bis zu 182 PS leistete und in der Rennversion 221,97 km/h erreichte.

Anfang der 30er Jahre ging es Bentley finanziell immer schlechter: Der Millardiär Woolf Barnato, der bis dahin immer das jährliche Defizit von W. O. Bentley ausgeglichen hatte, begann sich für andere Hobbys zu interessieren. Kurz vor dem Konkurs kam dann aber noch der größte aller Bentleys auf den Markt: der 8-Liter-Bentley. Noch immer hatte der Reihensechszylinder vier Ventile pro Zylinder und zwei Zündkerzen pro Zylinder – und das ergab zusammen mit dem riesigen Hubraum 200 PS. Wer gerne mehr Leistung hatte, konnte noch Spezialkolben bestellen, die dann 225 PS lieferten. Von diesem Ungetüm wurden knapp 100 Exemplare gebaut, dann ging die Firma Bentley in den Besitz von Rolls-Royce über – und hatte so die Chance, bis heute zu überleben.

Bei Rolls-Royce liefen die Geschäfte gut: Man verdiente viel Geld mit den Flugzeugmotoren und hatte Muße, den Phantom III zu entwickeln. Anstoß zu diesem Luxusmodell hatte die Konkurrenz gegeben, die in Amerika und England begann, Zwölf- und Sechzehnzylindermotoren auf den Markt zu bringen.

Also entwickelte man ebenfalls einen Zwölfzylinder, dessen Zylinderreihen im 60°-Winkel angeordnet waren und dessen 7,4 Liter Hubraum eine Höchstgeschwindigkeit von 160 km/h brachten. Wie im Hause RR üblich, wurden auch hier keine PS-Angaben gemacht; immerhin muss die Leistung ausreichend gewesen sein, denn alle Besitzer und Motorjournalisten äußerten sich besonders lobend über das Temperament und die mühelose Art, in der die zügige Beschleunigung stattfand. Von 1935 bis 1939 wurden exakt

710 Phantom III ausgeliefert: der einzige Rolls-Royce mit einem derart aufwendigen Triebwerk. Danach kamen wieder Sechszylinder für die normalen Fahrzeuge und ein Reihenachtzylinder beim Phantom IV – der allerdings in nur 16 Exemplaren an Könige und Staatsoberhäupter verkauft wurde. Erst ab 1959 wurde dann der heute noch eingesetzte V8-Zylinder auf den Markt gebracht.

Die größte Konkurrenz von Bentley war Lagonda: Im Jahr 1900 von dem amerikanischen Ingenieur Wilbur Dunn im britischen Stains (Middlesex) gegründet, wurde Lagonda in den 30er Jahre durch zahlreiche Erfolge bei Rennen zu einer Marke mit sportlichem Appeal; sie galt als der *Bentley des kleinen Mannes*, und der Lauf der Geschichte wollte es, dass W. O. Bentley nach dem Verkauf seiner Firma als Chefkonstrukteur zu Lagonda gerufen wurde. Bentley schuf für Lagonda dann einen 4,5-Liter-Zwölfzylinder mit 180 PS Leistung, dessen Qualitäten in allen Fachzeitschriften hoch gerühmt wurden – aber nur schleppend verkaufte.

1947 wurde Lagonda von David Brown gekauft und mit dessen zweiter Neuerwerbung Aston Martin verschmolzen. Aston Martin-Lagonda existiert heute als eigenständige Marke in der Premier Automotive Group des Hauses Ford und produziert sündhaft teure Sportwagen.

Aston Martin hatte ebenfalls eine interessante Geschichte: Lionel Martin war im Jahr 1913 auf einem selbst getunten Singer-Rennwagen Sieger im Aston-Clinton-Rennen geworden und beschloss sofort, die Fahrzeuge, die er selbst zu bauen gedachte, Aston Martin zu nennen. Die Firma ging dann durch etliche Hände, darunter durch die des polnischen Grafen Louis Vorow Zborowski und eines in die Grafschaft Kent verschlagenen Italieners namens Augustus Cesare Bertelli.

Aston Martin war aber auch vor dem Krieg eine kleine aber feine Firma, deren exzellente 1,5-Liter-Sechszylinder in Le Mans für Aufsehen sorgten; die Qualität galt stets als beispielhaft, die Preise ebenfalls. Von 1927 bis 1935 wurden ganze 425 Fahrzeuge ausgeliefert – bis 1940 folgten noch 174 Fahrzeuge mit einem 2-Liter-Motor.

› Der Ehrgeiz, das beste Auto der Welt bauen zu wollen

Noch edler als bei Aston-Martin ging es bei Hispano-Suiza zu: Die 1904 in Barcelona gegründete Firma besaß in dem Schweizer Marc Birkigt einen Pedanten und Perfektionisten, der es mit Ettore Bugatti aufnehmen konnte. Schon sein erstes Modell, der nach dem spanischen König benannte Typ

Der Rolls-Royce Phantom III war das einzige Modell aus Crewe mit einem Zwölfzylinder-Motor. Nur 710 Exemplare des 7,4-Liter-Modells wurden ausgeliefert.

Der Horch 8 verfügte über einen 5-Liter-Reihenachtzylinder mit 100 PS – die Höchstgeschwindigkeit lag bei 120 km/h.

Mit immerhin fünf Siegen in Le Mans verband Bentley die Werte Sportlichkeit und Eleganz auf höchstem Niveau – hier ein 3-Liter-Modell mit einer Sedanca-Coupé-Karosserie von 1930.

1937 stellte der britische Produzent Lagonda einen 4,5-Liter-Zwölfzylinder mit 180 PS Leistung vor, der – neben dem Einsatz bei Luxusfahrzeugen – auch im Rennsport brillierte. 1947 wurde die Marke von Aston Martin übernommen.

Lionel Martin gewann 1913 das Aston-Clinton-Bergrennen – und so nannte er seine Fahrzeuge Aston Martin. Die heute bei Ford angesiedelte Luxusmarke scheint hier 1931 eine besonders glückliche Käuferin gefunden zu haben.

Alfonso, machte Hispano-Suiza zum Hoflieferanten vieler Königshäuser. Birkigt, der wie so viele andere Konstrukteure besonders bei den Flugzeugmotoren des Ersten Weltkrieges vieles gelernt hatte – seine V8-Zylinder-Motoren waren in zahlreichen französischen Kriegsflugzeugen zu finden –, produzierte dann riesige 8-Liter-Sechszylinder für Wirtschaftsgrößen und Prinzen, bevor er 1930 in der französischen Tochterfirma in Bois-Colombes den Typ 68 vorstellte. Hier sorgte ein 9,3-Liter-Zwölfzylinder mit nicht weniger als 220 PS für 180 km/h, trotz des hohen Leergewichts von nahezu 3 Tonnen, das die meisten dieser mit Sonderkarosserien versehenen Luxuswagen hatten.

Auch das italienische Pendant Isotta-Fraschini hatte sich seinen Ruf durch überragende Qualität und technische Kunststücke erworben. Cesare Isotta und Oreste Fraschini beschlossen 1899 in Mailand, ihre Vorstellungen von einem perfekten Automobil zu verwirklichen. Ihr erster Konstrukteur war Giustino Cattaneo – kurzfristig hat dann auch Ettore Bugatti für die Mailänder gearbeitet – und schon 1908 machte der erste Sieg bei der Targa Florio auf Sizilien die beste Werbung. 1909 gab es bei Isotta-Fraschini das erste Mal Vierradbremsen an einem Auto überhaupt, und 1918 war die nächste Weltpremiere: Der erste Reihenachtzylinder verließ die Werkhalle. Der Typ 8 B hatte anfänglich einen 5,9-Liter-Motor, der im Lauf der Jahre auf 7,4 Liter vergrößert wurde. Serienkarosserien ab Werk waren zwar im Angebot, wurden jedoch nur selten bestellt. Wer sich einen Isotta-Fraschini leisten konnte, hatte zumeist auch das Geld, um sich die Karosserie nach eigenem Geschmack bauen zu lassen.

Natürlich gab es noch mehr Marken: Delahaye beispielsweise. Von dem Eisenbahningenieur Emile Delahaye im Jahr 1895 gegründet, wurden bei dieser Firma schwere und konservative Tourenwagen gebaut, bis 1933 der neue Chefkonstrukteur Jean François das Modell Superluxe vorstellte – die Vorstufe zum berühmtesten aller Delahaye-Modelle: dem Typ 135. Dieser 3,5-Liter-Sechszylinder gewann zweimal die Rallye Monte Carlo und war auch auf der Rundstrecke erfolgreich. Da er zugleich auch mit äußerst attraktiven Karosserien für den Alltag zu kaufen war, stand dem Ruhm der Marke nichts im Wege. Dazu kam dann noch als Spitzenmodell der Typ 145, ein 4,5-Liter-Zwölfzylinder, der 1938 unter dem Fahrer Renée Dreyfus den Mercedes-Benz-Rennwagen manche harte Schlacht lieferte. Und auch diesen Rennwagen konnte der kaufkräftige Kunde mit einer Straßenkarosserie erwerben.

Louis Delage, ein Mitarbeiter von Armand Peugeot, hatte sich 1905 selbständig gemacht und – um seine Rennwagen zu finanzieren – auch eine kleine Tourenwagenproduktion aufgebaut. Delage gewann in den späten 20er Jahren

Mit dem 500 K „Spezial-Roadster" präsentierte Mercedes-Benz 1935 eines der schönsten, rarsten und teuersten Fahrzeuge aller Zeiten – für den 160 PS starken Roadster musste man damals bereits 28.000 RM bezahlen.

In den 30er Jahren gehörten die Achtzylinder-Fahrzeuge von Cesare Isotta und Oreste Fraschini zu den edelsten und teuersten Modellen auf dem Markt – die 1899 gegründete Firma ging mit ihren 180 PS starken 5,9-Liter-Motoren Anfang der 40er Jahre bankrott.

Der „Viva Grand Sport" gehörte 1938 mit seinem Sechszylinder-Triebwerk zu den großen Repräsentations-Fahrzeugen Frankreichs.

etliche Rennen und Titel und versuchte dann den Bugatti- und Hispano-Suiza-Kunden mit seinen Typen D8 S und D8 SS attraktive Alternativen anzubieten. Die Reihenachtzylinder leisteten bis zu 100 PS, verkauften sich aber nicht gut. Die Produktion der Luxuswagen und der Unterhalt seines teuren Rennstalls bewirkten schließlich, dass er 1935 an Delahaye verkaufen musste.

Ganz kurz sollte man noch den Namen der Brüder Angelo und Paul Albert Bucciali erwähnen, die in Paris das wahrscheinlich aufregendste Auto der 30er Jahre schufen. 1922 hatten sie den Bau kleiner Sportwagen mit Fremdmotoren begonnen, bevor sie 1928 ihren ersten Sechszylinder mit Frontantrieb, Einzelradaufhängung und Automatikgetriebe vorstellten. Dann packte sie der Wunsch, das beste Auto der Welt zu bauen: Auf dem Autosalon in Paris stand 1932 der Bucciali TAV Double Huit – ein 16-Zylinder-Frontantriebwagen mit einer atemberaubenden Karosserie der Pariser Firma Saoutchic. Tatsächlich wurde nur dieser eine Wagen gebaut – es hatte sich wahrhaftig ein Bankier gefunden, der bereit war, 220.000 Franc oder 42.000 Dollar (im Jahr 1932!) für den Bau des Wagens zu bezahlen. Nachdem der Wagen den Krieg unter der Renntribüne in Le Mans überstanden hatte und das in viele Teile zerlegte Gefährt dann an die Harrah Collection in Reno (Nevada) verkauft worden war, ist der Wagen 1998 nach einer zwölfjährigen und astronomisch teuren Restauration wieder aufgetaucht. Insgesamt bauten die Bucciali-Brüder nur etwa 35 Fahrzeuge – in einer Zeitspanne von elf Jahren.

› Unübertroffene Laufruhe: 16-Zylinder-Motoren

In den 30er Jahren hatten sich einige Firmen mit der Konstruktion von 16-Zylinder-Motoren beschäftigt. Einen der ersten Versuche machte Tommy Milton, der den Geschwindigkeits-Weltrekord erringen wollte. Er montierte in seinen Wagen zwei Duesenberg-Achtzylinder parallel zueinander, erreichte am 27. 4. 1920 auf dem Sandstrand von Daytona Beach (Florida) 251,133 km/h – und blieb damit zwei Jahre lang der schnellste Mann der Welt.

Dann kamen drei weitere Rennwagen mit 16-Zylinder-Motoren: Ettore Bugatti brachte den Typ 45, der 1929 recht erfolgreich war; die Maserati-Brüder bauten zwei Rennwagen (den V4 mit 305 PS und den V5 mit 360 PS), und der Amerikaner Miller wollte ebenfalls mit solch einem Motor auf den Rennstrecken Amerikas erscheinen. Er konstruierte dann auf den Wunsch eines steinreichen Kunden zwei V16-Speedster für die Straße. Beide hatten Frontantrieb und einen zuschaltbaren Heckantrieb – konnten also auch mit Allradantrieb gefahren werden. Aber alle diese Automobile waren stets nur Einzelstücke – wirklich in Serie wurden solche außergewöhnlichen 16-Zylinder-Motoren nur von zwei Firmen gebaut: Cadillac und Marmon.

Cadillac hatte die V16-Modell-Reihe von 1930 bis 1940 hin durchgehend im Programm – erstmals tauchte der V16 am 29.3.1930 in der Preisliste von General Motors auf. Da kostete der V16-Roadster 5350 Dollar, und das teuerste Modell, der V16 Town Brougham, wurde für 9700 Dollar angeboten. Zum Vergleich: Das billigste Modell war der Chevrolet Phaeton für 495 Dollar. Die Preise also bewirkten, dass dieses Luxusmodell über die Jahre hinweg in nur geringen Stückzahlen verkauft wurde; knapp 4600 Exemplare kamen zur Kundschaft. Dabei hatten die V16-Modelle die besten Besprechungen: Ihre Laufruhe galt als unübertroffen, ihr Komfort war makellos und die Karosserien von äußerster Finesse.

Von 1931 bis 1933 versuchte dann noch Howard Marmon – der seit 1902 Automobile gebaut hatte und 1911 das erste 500-Meilen-Rennen von Indianapolis gewann –, seinen 9,1-Liter-V16 zu verkaufen. Die sehr aufwendig gebauten Motoren trieben exakt 390 ausgelieferte Exemplare an; dabei hatte Howard Marmon seine finanziellen Möglichkeiten endgültig überschätzt, und er musste Konkurs anmelden. Im letzten Jahr des Bestehens besann man sich zwar nochmals auf die sportliche Tradition und fuhr mit einem serienmäßigen V16 beim 24-Stunden-Rennen auf dem Oval von Indianapolis mit – und gewann sogar die begehrte Stephens Trophy. Trotz dieser Leistung war das Ende jedoch nicht mehr fern.

Renault hatte in den 30er Jahren sicherlich mit die attraktivsten Namen – hier die Werbung für den „Suprastella", der mit seinem Achtzylinder bevorzugt von Politikern und Staatsoberhäuptern geordert wurde.

› Wer bemühte sich sonst noch um die Luxuskunden?

Renault baute den bereits erwähnten riesigen 40 CV mit 9 Liter Hubraum und dem abenteuerlichen Preis von 105.000 Franc. Die Österreicher hatten ihre Firma Gräf & Stift, deren SP9-Modelle über 6-Liter-Achtzylindermotoren mit 125 PS Leistung verfügten.

In Italien gab es natürlich noch Lancia, hier war das Spitzenmodell der Typ Astura – auch schon 130 km/h schnell. Dieses Modell war auch bei den Karosserieschneidern äußerst beliebt: Pinin Farina hat mit diesem Modell seine ersten Ruhmestaten vollbracht.

Überhaupt waren die kleinen Karosseriehersteller wie Saoutchic in Paris, Letourneur & Marchand ebenfalls in Paris, Erdmann & Rossi in Berlin, Gläser in Dresden und viele andere sehr oft die eigentlichen Triebfedern für neue Designideen – sie konnten auf Kosten der meist wohlbetuchten

Der Schweizer Marc Birkigt baute in Barcelona seine Hispano-Suiza-Modelle – hier ein J 12 mit 9,3-Liter-Zwölfzylindermotor und 220 PS mit einer Karosserie von Letourneur & Marchand (Paris).

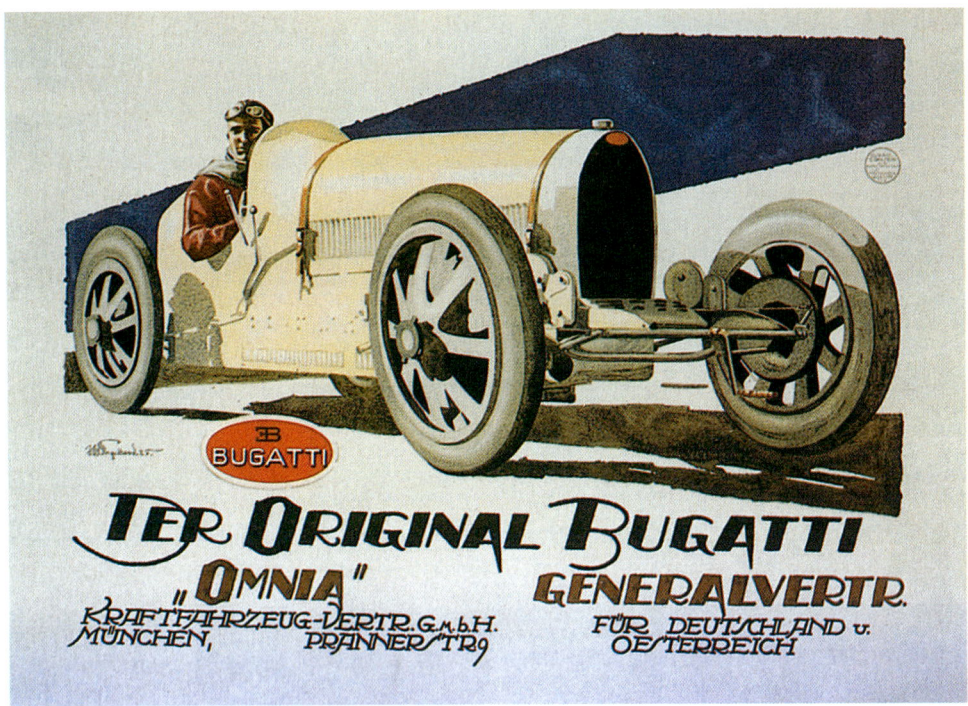

Ettore Bugatti wird bis heute als einer der genialsten Konstrukteure aller Zeiten gefeiert. In den 20er und 30er Jahren galten seine Luxus- und Rennwagen als „Kunstwerke auf Rädern". Das Plakat wurde von W. Engelhard 1925 entworfen.

Kunden die Formen entwickeln, die dann später von den Firmen übernommen wurden.

Und es gab viele Kunden, die bereit waren, sich den exklusiven Geschmack und die persönliche Note viel Geld kosten zu lassen: Besonders teuer und von auserlesenem Publikum bevorzugt war zum Beispiel die Firma Erdmann & Rossi in Berlin, die 1898 von Willy Erdmann gegründet wurde und der 1906 Eduard Rossi beitrat. Die Qualität dieser Karosseriefirma sprach sich rasch herum, und bald kannte der Adel bis hinauf zum Kaiser die Karossen der Berliner Firma.

Die große Zeit begann jedoch nach dem Ersten Weltkrieg, als Firmen wie Maybach – die an die Kundschaft stets nur Fahrgestelle auslieferte – die Designer zu hinreißenden Fahrzeugen animierten. Die Preise für solche Schöpfungen? 1928 hatte ein Baron aus Berlin bereits 35.000 Reichsmark für ein Maybach-W5-Kabriolett anzulegen.

Erdmann & Rossi baute auch noch einige Stromlinienwagen in Einzelexemplaren – zumeist auf der Basis von teuren Mercedes-Kompressorwagen, vereinzelt aber auch auf der von Opel-Modellen. Auf diesem Spezialgebiet war auch die im schwäbischen Reutlingen beheimatete Firma Wendler erfolgreich, die hauptsächlich auf BMW-Basis einige wegweisende Fahrzeuge auslieferte. Auch in Reutlingen wurden übrigens Einzelwünsche erfüllt: Wer sich sein Traumauto bauen lassen wollte, war willkommen – sofern er das nötige Geld hatte.

Das Geschäft mit den Luxuswagen war nie sehr lukrativ: Der Großteil der Firmen hatte diese Modelle vor allem im Programm, um zu demonstrieren, wozu ihre Techniker in der Lage waren. Der Glanz der Acht- oder Zwölfzylinder sollte auf den Käufer des Vierzylinders abfärben – er sollte stolz sein auf seine Marke. Einige Firmen verdienten glänzend: Daimler-Benz, Rolls-Royce, doch schon ein Ettore Bugatti hatte zuweilen Schwierigkeiten, seinen Betrieb am Laufen zu halten; von Firmen wie Lagonda oder Bentley ganz zu schweigen – diese lebten von den reichen Gönnern, die sich da Hobby einer solchen Firma leisteten.

Der Horch „855 Sport-Roadster" mit der Erdmann & Rossi-Karosserie war eines der schönsten Fahrzeuge der Vorkriegszeit. Nur zehn Exemplare sollten von diesem Modell entstehen.

Die Entdeckung des Windes

Schon bei den ersten Automobilkonstrukteuren gab es einige, die erkannten, dass ein großer Kühler und eine gerade, sich trotzig dem Wind entgegen reckende Windschutzscheibe der erstrebten höheren Geschwindigkeit äußerst abträglich seien. Einem deutschen Aerodynamiker, Freiherr Reinhard Koenig-Fachsenfeld, ist es zu verdanken, dass diese Erkenntnisse auch in Einzelstücke oder Kleinserienexemplare umgesetzt werden konnten. Koenig-Fachsenfeld, dessen zweibändiges Werk *Aerodynamik des Kraftfahrzeugs* mittlerweile in Antiquariaten zu hohen Preisen gehandelt wird, bescherte den Deutschen im Jahr 1932 einen überraschenden Sieg beim Großen Preis von Deutschland, als ein technisch völlig veralteter Mercedes-Benz SSKL gegen die überlegenen Alfa-Romeo-Wagen antrat. Rudolf Caracciola, der im Jahr zuvor zu der italienischen Marke gewechselt hatte, musste erstaunt zusehen, wie der SSKL mit Manfred von Brauchitsch am Steuer auf den langen Geraden der Avus problemlos an ihm vorbeifuhr und mit einer Durchschnittsgeschwindigkeit von 194,2 km/h siegte. Der Sieg war Koenig-Fachsenfeld zu verdanken, der Brauchitschs SSKL mit einer stromlinienförmigen Karosserie, von der Firma Vetter in Cannstatt ausgeführt, versehen hatte.

Mit engem Schulterschluß: Der aerodynamisch ausgefeilte Benz-„Tropfenwagen" erreichte 1923 mit seinem 90 PS starken Sechszylinder-Mittelmotor 160 km/h.

› Tropfenkarosserien im Aufwind

Koenig-Fachsenfeld war wie viele andere Aerodynamiker im Ersten Weltkrieg bei der Konstruktion von Flugzeugen zu der Erkenntnis gelangt, dass eine windschlüpfige Form viel PS einsparen würde. Ebenfalls einer der ersten, die dieses Prinzip erkannt hatten, war Edmund Rumpler. Sein Tropfenwagen feierte im Juni 1920 Premiere, und er stellte von 1921 bis 1925 rund hundert Fahrzeuge fertig. Rumpler war seiner Zeit allerdings für einen wirklichen Erfolg zu weit voraus. Sein erster Typ hatte einen 2,3-Liter-Sechszylinder, der aus drei Zweizylindermotoren zusammengesetzt war und der 35 PS leistete; ganze 20 Exemplare dürften montiert worden sein. Dann baute er noch 100 Fahrgestelle des Typs 10/50 PS, von denen ganze 80 Exemplare mit den Aufsehen erregenden Tropfenkarosserien versehen wurden – und die dann größtenteils bei dem Film „Metropolis" verheizt wurden.

Paul Jaray stellte 1934 auf dem Genfer Automobilsalon diese Stromlinien-Limousine auf der Basis eines Mercedes 2-Liter-Schwingachs-Fahrgestells vor.

Nachdem Edmund Rumpler klar geworden war, dass seine eigene Autoproduktion niemals erfolgreich sein würde, schloss er einen Beratervertrag mit Benz. Das Ergebnis war der Tropfen-Benz, der bereits 1922 für Aufsehen auf den Rennstrecken sorgte. Aber auch dieser Mittelmotorwagen – seiner Zeit wieder um zehn Jahre voraus – kam kaum zum Einsatz, denn die Fusion von Benz und Daimler brachte die Mercedes-Kompressormodelle auf die Rennpisten – die Benz-Modelle waren nicht mehr gefragt.

Dafür lieferten andere Stromlinienpioniere aufregende Karosserien – so Paul Jaray. Der gebürtige Wiener hatte an der Technischen Hochschule in Wien studiert und ab 1912 in Friedrichshafen am Bodensee beim Bau der Luftschiffe mitgewirkt. Von 1922 an wurden nach seinen Patenten – wegen denen er bis Ende 1926 mit Rumpler prozessieren musste – Stromlinienwagen bei Ley, Dixi, Audi, DKW, Mercedes, Maybach und Adler gebaut. Eines der beeindruckendsten Modelle war seine Limousine auf der Basis eines 2-Liter-Mercedes, das er auf dem Genfer Automobil-Salon im Jahr 1934 vorstellte.

Entscheidend war auch Prof. Dr. Ing. Wunibald Irmin Erich Kamm an der Entwicklung aerodynamischer Fahrzeuge beteiligt. Der 1893 in Basel geborene Kamm war von 1930 an Leiter des Forschungsinstituts für Kraftfahrwesen und Fahrzeugmotoren an der Universität Stuttgart, und von 1935 bis 1937 leitete er den Aufbau der Fahrzeughalle des Deutschen Museums in München. Von 1938 bis 1943 baute er die berühmten Versuchswagen mit abgeschnittenem Heck – dem Kamm-Heck. Erst in den 50er- und 60er-Jahren erkannten etliche Rennwagenkonstrukteure die Vorteile dieses Prinzips – das bis heute als Grundlage vieler Design-Entwürfe gilt.

Gegen Ende der 20er Jahre kam die Stromlinienform groß in Mode und viele Firmen präsentierten entsprechende Modelle. Verkauft wurden diese Fahrzeuge allerdings nur in verschwindend geringen Stückzahlen – es war schon immer leichter, mit Extravaganz Bewunderung zu erregen, als sie tatsächlich an den Kunden zu bringen.

Erst als die Nationalsozialisten mit dem Bau der Autobahnen begonnen hatten, begannen einige Hersteller mit der Entwicklung von Hochleistungsmodellen, die speziell für Langstreckenreisen gedacht waren. So zeigte beispielsweise Daimler-Benz auf der Basis des 5-Liter-Kompressormodells den Autobahn-Kurier, Maybach führte den Stromlinien-Zeppelin vor, während die Firma Autenrieth auf einem anderen Zeppelin-Fahrgestell eine Karosserie mit Heckflügel, die sich der Form des Luftschiff-Vorbilds recht stark anpasste, montierte.

Die Adler-Werke, bei denen Edmund Rumpler vom Juli 1902 bis zum Sommer 1905 seine ersten Erfahrungen gesammelt hatte, begannen sich ebenfalls für aerodynamisch geformte Karosserien zu interessieren: Erwin Kleyer, der Juniorchef des Hauses, suchte Kontakte zu Koenig-Fachsenfeld und zu Kamm – und 1937 ging ein 2,5-Liter-Sechszylinder (58 PS) mit viertüriger Stromlinienkarosserie in Serie, die stark an die Patente von Jaray angelehnt war. Für die notwendige Werbung sorgten die 1,5- und 1,7-Liter-Sportwagen, die mit ihren Stromlinienkarosserien in Le Mans und bei Geschwindigkeitsrekordfahrten einen hervorragenden Eindruck hinterließen.

› Stromlinien von Rumänien bis in die USA

Natürlich eigneten sich die Gesetze der Aerodynamik nicht nur deutsche Firmen an; auch im Ausland begriff man, dass mit der Überlistung des Luftwiderstands Benzin gespart und Geschwindigkeit gewonnen werden konnte. So auch in der Tschechoslowakei Hans Ledwinka, der von 1905 bis 1945 – mit nur kurzen Unterbrechungen – bei der Firma Tatra arbeitete. Hier wirkte er entscheidend bei der Konstruktion etlicher berühmter Typen mit, darunter dem Prototyp 77 des Jahres 1933 und dem Tatra Typ 77, der ab 1934 in Serie ging.

Diese Fahrzeuge hatten einen V8-Zylinder-Motor im Heck, einen immens großen Innenraum – und keine Heckscheibe. Kleine Blechschlitze ermöglichten den Ausblick nach hinten und sorgten zugleich für eine wirksame Kühlung des Motors. Eine Lösung, die sich Ledwinka patentieren ließ. Der Typ 77 war bis 1950 in der Angebotspalette von Tatra enthalten; parallel gab es noch den kleinen Tatra Typ 97, der von 1936 bis 1938 mit Vierzylindermotor gebaut wurde.

Natürlich blieben viele der Stromlinienwagen Einzelstücke: Wer kennt heute Aurel Persu – einen rumänischen Konstrukteur, der 1913 an der TH Berlin mit Auszeichnung sein Studium absolviert hatte. Persu baute 1923 eine Mittelmotorlimousine, die mit einem 22 PS starken AGA-Vierzylinder immerhin 100 km/h erreichte. Zwar wollte niemand die Produktion übernehmen, dafür fuhr er mit seinem Wagen bis 1969 über 100.000 problemlose Kilometer, bevor er den einmaligen Persu dem technischen Museum in Bukarest vermachte.

Peugeot baute etliche Stromlinienautos in kleinen Serien; manche Modelle kamen auch nur in Einzelstücken auf Ausstellungen vors Publikum, und auch die Amerikaner beschäftigten sich mit der Automobilaerodynamik. Hier war es vor allem die Firma Chrysler, die auf nennenswerte Stück-

Ebenfalls 1934 beschäftigte sich auch Peugeot beim Typ 402 „Andreau" mit dem Thema Aerodynamik – doch noch profitierte die Serienproduktion nicht von den bei diesem Wagen gewonnenen Erkenntnissen.

Als die ersten deutschen Autobahnen entstanden, baute Mercedes-Benz auch diesen 540 K „Autobahnkurier" – doch es sollte bei einem Einzelstück bleiben.

zahlen kam: Vom Airflow Imperial, der zum Preis von 1495 Dollar einen 122 PS starken 4,9-Liter-Reihenachtzylinder und knapp 150 km/h bot, wurden immerhin 29.998 Exemplare verkauft, und der DeSoto Airflow, der als kleinerer Bruder sechs Zylinder und 3,9 Liter Hubraum mit 100 PS Leistung besaß, wurde 25.737-mal ausgeliefert. Lincoln und Franklin, Lewis mit dem Airomobile und Hudson, Martin und Pierce-Arrow bauten stets nur Einzelstücke – die zwar auf Ausstellungen bewundert wurden, aber nie in größeren Stückzahlen gebaut wurden.

Zusammenfassend muss gesagt werden, dass sich die Stromlinienautos vor dem Zweiten Weltkrieg nicht durchsetzen konnten. Der Geschmack der Käufer, an beeindruckende Massigkeit gewöhnt, wurde durch diese Formen nicht getroffen – sie waren noch zu neu. Autobahnen gab es im Vergleich zu heute noch wenige, das Benzin war billig – nichts sprach für das Neue, Avantgarde war nicht gefragt.

Den absoluten Geschwindigkeits-Weltrekord wollte Mercedes-Benz mit dem „T 80" erzielen – für den Vortrieb sollte ein 44,5-Liter-Zwölfzylinder-Flugzeugmotor mit 3000 PS sorgen, doch es blieb bei dem Projektstadium.

Höchstens 750 Kilogramm

Nachdem der Automobilrennsport gegen Ende des vergangenen Jahrhunderts die Begeisterung für das Auto geweckt hatte, wurde er nach dem Ersten Weltkrieg zum Massenereignis: Hunderttausende pilgerten zum Nürburgring, an die Avus oder zur britischen Tourist Trophy. Millionen von Italienern standen am Straßenrand, wenn die Mille Miglia, jenes legendäre Straßenrennen von Brescia über Rom zurück nach Brescia, ausgetragen wurde.

› Start für die 2-Liter-Formel

Natürlich bestand in den ersten Nachkriegsjahren kein Bedarf an Autorennen, doch 1921 gab es wieder die erste Formel für Grand-Prix-Wagen, denen ein Hubraum von 3 Litern zugestanden wurde. Schon ein Jahr später trat dann eine 2-Liter-Formel in Kraft, die bis 1925 für abwechslungsreiche Rennen sorgte. Neben diesem Hubraumlimit wurde auch das Wagenleergewicht bestimmt – es musste mindestens 650 Kilogramm betragen. Ihre Premiere feierte diese Formel beim Großen Preis von Frankreich, der 1922 in Straßburg ausgetragen wurde. Hier gab es auch noch eine zweite Premiere: Erstmals war ein geschlossenes Feld am Start – bis dahin waren die Rennwagen immer einzeln oder zu zweit gestartet.

Die Deutschen durften noch nicht dabei sein – dabei wären zwei interessante Wagen bereit gestanden: der Mittelmotor-Benz und die erste Kompressorentwicklung von Ferdinand Porsche für Daimler. So machten sich vier Bugattis, je drei Fiats, Sunbeams, Ballots, Rolland Pilains und zwei Aston Martins auf die etwa 800 Kilometer lange Reise. Und dieser große Preis von Frankreich hatte es in sich: Die gefahrenen Durchschnittsgeschwindigkeiten lagen deutlich über denen der Vorkriegszeit; die schnellste Rundenzeit fuhr Pietro Bordino auf dem Fiat 804 mit 138,8 km/h.

Es ist erstaunlich, mit welch aufwendiger Technik bereits damals um den Sieg gekämpft wurde: Roland Pilain – eine 1906 in Tours gegründete Firma, die 1930 die Produktion wieder einstellen musste – hatte mit dem Typ A22 ein bemerkenswertes Stück Technik gebaut. Der Reihenachtzylinder hatte bereits zwei oben liegende Nockenwellen und leistete rund 90 PS. Nur Bugatti setzte ebenfalls auf einen Achtzylin-

1924 entwickelte der neue Technikvorstand Ferdinand Porsche diesen 2-Liter-Achtzylindermotor mit Kompressor, dessen 170 PS den Mercedes „Monza" zu einem Siegerwagen machten.

1922 gewann Graf Masetti die berühmte Targa Florio in Sizilien auf einem modifizierten Mercedes-Grand Prix-Wagen von 1914 – nun gab es auch erstmals an allen vier Rädern Bremsen.

der, dessen drei Ventile pro Zylinder (zwei Einlassventile und ein Auslassventil) jedoch nur von einer Nockenwelle gesteuert wurden.

Die interessanteste Neukonstruktion, der Fiat 804, besaß einen Sechszylindermotor mit 96 PS Leistung. Der 804 setzte auch in seiner Form und mit seinem Chassis neue Maßstäbe: Er war klein und flach, er war leicht und besaß ein richtig abgestimmtes Fahrwerk. Kurzum, die drei Fahrzeuge aus Turin fuhren der Konkurrenz auf und davon. Zwar fielen zwei im Verlauf des Rennens aus, aber als Felice Nazzaro mit einer Durchschnittsgeschwindigkeit von 127,67 km/h durchs Ziel fuhr, lag er eine Stunde vor dem Zweiten, de Viscaya auf Bugatti. Diese Überlegenheit war für die Konkurrenz so deprimierend, dass beim zweiten Rennen dieses Jahres, dem Großen Preis von Italien in Monza, kein Mitbewerber mehr antrat – und Bordino gewann vor Nazzaro mit einem Schnitt von 139,8 km/h. Die Fiat-Rennwagen waren in diesem Jahr unschlagbar.

Richtungweisend arbeitete – schon vor dem Ersten Weltkrieg – auch Daimler; das zeigte sich an der Tatsache, dass der italienische Graf Masetti bei der Targa Florio mit einem modifizierten Grand-Prix-Wagen von 1914 acht Jahre später dieses klassische Rennen gewann. Man hatte nun an allen vier Rädern Bremsen montiert und den Wagen – dem italienischen Fahrer zuliebe – rot lackiert. Bei Grand-Prix-Rennen allerdings durften deutsche Wagen noch nicht fahren.

› Der Kompressor übernimmt das Regiment

1923 begann die große Zeit der Kompressormodelle. Beim Großen Preis von Frankreich erschien der Fiat 805, dessen Reihenachtzylinder 150 PS entwickelte. Zwar fielen in Tours alle drei Wagen aus, da man vergessen hatte, einen Filter vor das Gebläse zu montieren und so die angesaugten Steinchen und Schmutzteile die Kompressorflügel zerstörten, aber beim Großen Preis von Europa in Monza hatte man die Lektion gelernt – und die Fiat 805 siegten überlegen.

Auch bei der Daimler AG war man sich nun darüber im Klaren, dass ein neues Fahrzeug konstruiert werden musste. Otto Schilling, von dem schon der Siegerwagen von 1914 stammte, machte sich erneut an die Arbeit und verkleinerte den Hubraum des 10/40/65-PS-Wagens von 2,6 Liter auf die zugelassenen 2 Liter Hubraum – und der leistete dann, mit seinen vier Ventilen pro Zylinder, standfeste 95 PS.

Die letzten Feinarbeiten nahm Ferdinand Porsche vor, der am 30. April 1923 in Stuttgart die Nachfolge von Paul Daimler als Chefkonstrukteur angetreten hatte. Zum ersten Einsatzort wählte man gleich das 500-Meilen-Rennen von Indianapolis; von den vier Einsatzwagen verunglückte einer im Training, ein zweiter – mit Lautenschlager am Steuer – im Rennen, und die beiden verbliebenen Wagen kamen auf dem Plätzen acht und elf ins Ziel.

Im Jahr darauf gewann dieser Wagen mit Christian Werner am Steuer die sizilianische Targa Florio, und ein zweiter Fahrer kam auf Rang 15 ins Ziel: der 33jährige Alfred Neubauer, der bis zum Ende der Rennsaison von 1956 der legendäre Rennleiter des Hauses Daimler-Benz werden sollte.

Neubauer hatte bei seinen Rennen bemerkt, dass die Information des Fahrers über Platzierung und Rundenzeiten praktisch nicht existierte. Dabei war es gerade bei Rennen wie der Targa Florio, wo jeder Fahrer allein gegen die Uhr fahren musste, so wichtig zu wissen, ob eine auch nur etwas schnellere Runde möglicherweise zum Sieg führen könnte. Also erfand Neubauer die Informationstafeln, die den Fahrern bei der Boxendurchfahrt entgegengehalten wurden. Neubauer führte auch den geplanten Boxenstopp ein – er wurde zum Seelentröster und zum Entdecker großer Fahrertalente. Rollen, die er über mehr als drei Jahrzehnte hinweg virtuos spielte.

1924 beschlossen die Daimler-Motoren-Gesellschaft und die Firma Benz ihr *Abkommen über die Wahrung gemeinsamer Interessen* – den ersten Schritt zur Fusion des Jahres 1926. Der zukunftsweisende Benz-Tropfenwagen wurde zu Gunsten der Kompressorentwicklungen von Ferdinand Porsche eingestellt; er durfte zwar 1925 noch bei einigen kleineren Rennen eingesetzt werden und gewann diese Wettbewerbe auch – dennoch war seine Zeit vorbei, bevor sie begonnen hatte.

Porsche hatte sich mittlerweile an die Konstruktion von zwei verschiedenen Modellen gemacht: Das eine war der Typ K, aus dem die berühmten S-, SS- und SSK-Modelle entstehen sollten – und parallel dazu kam ein 2-Liter-Reihenachtzylinder mit vier Ventilen pro Zylinder und einem Roots-Gebläse. Dieser Motor leistete zwar auf dem Papier 170 PS bei 8000/min, kam auf der Rennstrecke jedoch kaum ins Ziel. Daran war zum einen die fehlende mechanische Belastbarkeit schuld, zum anderen das mangelhafte Fahrverhalten des Wagens, zu dem der englische Rennfahrer Raymond Mays bemerkte: „Eine Federung schien nicht vorhanden zu sein, und der Wagen lag wie ein Brett auf der Straße."

Porsche arbeitete einen Winter lang an der Verbesserung des Wagens, und im Juli 1925 konnte dann Christian Werner im Forstenrieder Park bei München sein erstes Rennen gewinnen. Werner erhielt vom Werk die Erlaubnis, an weiteren Sprint- und Bergrennen teilzunehmen, und er errang bis 1927 noch etliche Siege.

Alfa Romeo gehörte in den 20er Jahren zu den erfolgreichsten
Rennwagenbauern überhaupt – und dieser Alfa P2 trug mit
seinen Reihenachtzylinder mit Kompressor und 155 PS Leistung
entscheidend zu der Legende bei.

Bereits 1923 leistete der Reihen-Achtzylinder des Fiat Corsa 805 mit seinem Whitting-Kompressor 150 PS und erreichte 219 km/h.

Die avantgardistischen Mittelmotor-Rennwagen der Auto Union AG waren mit ihren Sechzehnzylinder-Triebwerken ihrer Zeit technisch weit voraus – aber konnten nur von wenigen Fahrern perfekt beherrscht werden.

1926 gab es auf der Berliner Avus den ersten Großen Preis von Deutschland. Der AvD hatte als Veranstalter – um das Starterfeld zu vergrößern – auch Rennwagen bis 3 Liter Hubraum und Sportwagen in dieser Hubraumkategorie zugelassen. Allerdings mussten die Sportwagen über eine viersitzige Karosserie verfügen, und Porsche montierte an den Achtzylinder einfach einen kleinen Anbau, der die beiden hinteren Sitzplätze darstellte.

Der Sieger des ersten Großen Preises von Deutschland wurde genau dieser Wagen: Sein Fahrer sollte einer der Größten des Metiers werden – Rudolf Caracciola. Nachdem Otto Merz, mit eben diesem Wagen, auch noch das Rennen auf der Solitude gewonnen hatte, war jenes Triebwerk, das zuerst wie eine Fehlkonstruktion erschien, zu einem der großen Werbeträger des Hauses geworden.

› Siege am Fließband für Alfa Romeo und Bugatti

Auf den Grand-Prix-Strecken war mittlerweile die hohe Zeit der Alfa Romeo- und der Bugatti-Modelle ausgebrochen; der von dem legendären Ingenieur Vittorio Jano entwickelte Alfa Romeo P2 war nahezu unschlagbar. Sein 2-Liter-Reihenachtzylinder mit Kompressor leistete bei 5500/min 155 PS. Die besten Fahrer dieser Tage steuerten den P2 von Sieg zu Sieg: Alberto Ascari, Campari und ein gewisser Enzo Ferrari, der – nach einigen Siegen und guten Plazierungen – seiner Frau bei der Geburt des ersten Sohnes Dino versprach, mit der Rennfahrerei aufzuhören. Er wurde dann Rennchef bei Alfa Romeo und leitete später das offizielle Werkteam der Mailänder unter dem Namen Scuderia Ferrari. Nach dem Zweiten Weltkrieg wurden die eigenen Konstruktionen von Enzo Ferrari dann zu erbitterten Konkurrenten des Hauses Alfa Romeo.

Bugatti hatte mit dem Typ 35 ebenfalls einen Siegerwagen anzubieten, der zwar nur über 95 PS verfügte – Bugatti weigerte sich noch, einen Kompressor zu verwenden –, der dafür allerdings eine hervorragende Straßenlage und eine erstaunliche Zuverlässigkeit bot. Sunbeam hatte nun auch einen Reihensechszylinder, der dem des Fiat 805 sehr ähnelte; aber das konnte leicht erklärt werden: Der Konstrukteur dieses Fiat-Modells war von Sunbeam abgeworben worden. Bei Delage wurden zwei Reihensechszylinder zu einem Zwölfzylindermotor zusammengesetzt, der Dank seiner Zuverlässigkeit viel für den Ruf dieser Marke tat.

1925 war das letzte Jahr der 2-Liter-Klasse, und die Alfa Romeo P2, deren Motoren nun bei 6000/min 170 PS leisteten, waren einmal mehr die Fahrzeuge, die es zu schlagen galt. Zwar leistete der Delage-Zwölfzylinder nun bei 7000/min 190 PS, aber die Alfas lagen besser, und ein Ascari musste auch erst einmal geschlagen werden. Leider starb dieser große Fahrer – Vater des noch berühmteren Alberto – im gleichen Jahr beim Großen Preis von Frankreich in Monthléry, und die beiden anderen Alfa-Fahrer brachen ihr Rennen ab. Es siegte ein Delage.

Die 2-Liter-Formel brachte in den wenigen Jahren ihres Bestehens einen erstaunlichen Fortschritt in der Motorentechnik; hatten die ersten Rennwagen noch etwa 95 PS als Maximalleistung, so waren es nur drei Jahre später schon knapp 200 PS. Im gleichen Zeitraum wuchsen die beherrschbaren Drehzahlen von 4500 auf 7000/min, und technische Feinheiten wie Kompressor, Reihenachtzylinder bei nur 2 Liter Hubraum und Trockensumpfschmierung wurden selbstverständlich. Es sollte bis zur Mitte der 30er Jahre dauern, bis die Formelfahrzeuge schnellere Rundenzeiten erreichen würden.

› Daimler-Benz übernimmt die Führung

Jetzt kam die große Zeit der Tourenwagen – und hier war Daimler-Benz entscheidend beteiligt.

Hierfür war der Typ K vorgesehen, dessen Entwicklung ebenfalls von Ferdinand Porsche in Angriff genommen worden war. Der Chefkonstrukteur hatte parallel zu dem für das verwöhnte Publikum vorgesehenen Typ K ab Januar 1927 das S- oder Sport-Modell entwickelt. Die Leistung betrug mit Kompressor 180 PS, und sie konnte mit einer weiter erhöhten Verdichtung und der Verwendung eines Benzolgemischs auf 220 PS erhöht werden.

Am 18. Juni 1927 wurde der Nürburgring eröffnet, der im Rahmen eines Arbeitsförderungsprogramms in der Eifel gebaut worden war. Beim Eröffnungsrennen gewannen die neuen S-Modelle: Rudolf Caracciola, Adolf Rosenberger und Rittmeister von Mosch traten mit drei Wagen an und errangen auch einen Dreifachsieg. Rudolf Caracciola, der schon mit 22 Jahren seine ersten Siege feiern konnte, wurde in den nächsten Jahren – neben dem jungen Bernd Rosemeyer – zum großen Idol aller Rennbegeisterten. Er war es, den es zu schlagen galt. Und da Ferdinand Porsche den Rennwagen immer mehr Leistung entlockte, stapelten sich in Stuttgart die Pokale: 53 erste Plätze und 17 Rekorde konnten 1928 errungen werden. Mit der ersten SS-Version gelang Caracciola der erste Sieg eines Ausländers bei der legendären britischen Tourist Trophy, die am 17. August 1929 über eine Entfernung von 660 Kilometern ausgetragen wurde.

Im Juni 1927 wurde der legendäre Nürburgring eingeweiht – die vielen Zuschauer, die in die Eifel kamen, konnten beim Auftaktrennen einen Dreifach-Sieg für Mercedes feiern.

So erlebten die Besucher am 19. Juni die Auftaktrennen am Nürburgring – hier die alte Südschleife.

Für die Sprint- und Bergrennen wurde der SSK entwickelt, der Super-Sport-Kurz, dessen Name bereits auf den um 45 Zentimeter verkürzten Radstand hinwies. Dieser deutlich handlichere Wagen, der zugleich über einen Motor mit größerem Kompressor und bis zu 300 PS verfügte, gewann 1930 und 1931 die europäische Bergmeisterschaft. Diese Wagen waren mit die letzten Rennfahrzeuge, mit denen man am Wochenende zur Rennstrecke fuhr, die Kotflügel demontierte, gewann – und pokalgeschmückt wieder nach Hause fahren konnte. Kein Wunder, dass ein SSK-Prospekt verkündete: „Wenn Sie mit Ihrem SSK-Modell Rennen fahren wollen, so ist unser Kompressormodell als Wunderwerk der Technik das Richtige für Sie."

Die letzte Evolutionsstufe war der SSKL – der durch intensive Überarbeitung um 125 Kilogramm leichter geworden war. Er wurde in nur drei Exemplaren gebaut, vier weitere Wagen entstanden aus Kundenwagen des Typs SSK, die im Werk entsprechend umgebaut wurden.

Rudolf Carraciola ließ es sich 1931 nicht nehmen, mit diesem Wagen als erster Ausländer die Mille Miglia in Italien zu gewinnen; Hans Stuck gewann ein Bergrennen nach dem anderen und holte sich den Titel des Europabergmeisters in den Jahren 1932 und 1933.

Da auch bei Daimler-Benz während der Weltwirtschaftskrise kein Geld für den Rennsport vorhanden war, entstand der SSKL mehr in Feierabendarbeit so nebenbei – und gerade dieses Modell trug dann so viel zum Ruf der Firma bei. Das Tüpfelchen auf dem i war dann der völlig überraschende Sieg von Manfred von Brauchitsch auf dem Stromlinien-SSKL beim Großen Preis von Deutschland 1932 auf der Avus. Niemand hatte mit dem Sieg gegen den stärkeren Alfa Romeo gerechnet, in dem immerhin Rudolf Caracciola hinter dem Steuer saß.

Wenn es eine Rangliste der besten Rennfahrer aller Zeiten geben würde, wäre Rudolf Carraciola bestimmt ganz vorne mit dabei. Der Deutsche mit dem italienischen Namen war einer der wenigen Männer, die die Mercedes-Silberpfeile perfekt beherrschten.

› Ein neues Reglement sorgt für Betriebsamkeit

In diesem Jahr 1932 begannen allerdings die Vorbereitungen für einen seit Mitte der 20er Jahre ersten reinrassigen Grand-Prix-Wagen. Die oberste internationale Motorsportbehörde (AIACR) hatte am 12. Oktober ein neues Reglement verabschiedet: Es sollte von 1934 bis 1936 Gültigkeit haben und besagte, dass die neuen Formelwagen nicht mehr als maximal 750 Kilogramm (ohne Kraftstoff, Öl und Kühlmittel und ohne Reifen) wiegen durften. Dazu lag die Mindestrenndistanz bei 500 Kilometern.

Das große Problem war die Finanzierung eines neuen Rennwagens – und hier sollte die NSDAP helfen, die in den

Siegen deutscher Rennwagen die beste Werbung für das neue politische System sah. Das Verkehrsministerium stellte jährlich einen Fonds von 450.000 RM zur Verfügung; dazu kamen Preisgelder in Höhe von 20.000, 10.000 und 5000 RM für die Plätze eins bis drei. Zwar mussten die Stuttgarter diese Gelder mit Auto Union teilen, aber der finanzielle Anreiz – der knapp ein Drittel des Rennbudgets bei Daimler-Benz ausmachte – genügte, um sich an die Arbeit zu machen.

Pikant war nun, dass der Konstrukteur des Auto-Union-Rennwagens Ferdinand Porsche war, der sich – nachdem er 1928 bei Daimler-Benz ausgeschieden war – an die Ausarbeitung eines Sechzehnzylindermotors mit Kompressor gemacht hatte, der zudem noch vor der Hinterachse montiert wurde. Dieser Mittelmotor-Rennwagen war seiner Zeit weit voraus, konnte jedoch nur von den wenigsten am Limit gefahren werden. Es bedurfte schon der Fahrkünste eines Bernd Rosemeyer oder eines Tazio Nuvolari, um die 295 PS des 4,4-Liter-Motors zu beherrschen. Das Startgewicht betrug mit den Fahrern 1095 Kilogramm, und so hatte jedes PS nur 3,71 Kilogramm zu bewegen. Die Höchstgeschwindigkeit lag – je nach Übersetzung – bei bis zu 280 km/h.

Die Ingenieure um Fritz Nallinger bei Daimler-Benz hatten konservativere Gedanken. Man baute auf der Basis des Serienwagens vom Typ 380 erst einmal einen einsitzigen Rennwagen mit vorne liegendem Motor und einem konventionellen Fahrwerk. Dann kam die Feinarbeit: Der 3,3-Liter-Reihenachtzylinder bekam zwei oben liegende Nockenwellen und vier Ventile pro Zylinder. Für die Aufladung sorgte ein Roots-Kompressor, und das Ergebnis waren auf Anhieb 325 PS bei 5500/min. Da man sich 280 PS vorgenommen hatte, wuchs die Zuversicht in Stuttgart, und weitere Verbesserungsarbeiten brachten dann – zusammen mit einem Kraftstoffgemisch aus 86% Methylalkohol, 4,4% Nitrobenzol, 8,8% Azeton und 0,8% Äther – 354 PS.

Am 3. Juni 1934 sollte der W25 beim Eifelrennen auf dem Nürburgring an den Start gehen – er war jedoch zu schwer geworden: Er wog 751 Kilogramm! Doch Alfred Neubauer rettete die Situation: Er ordnete an, die weiße Farbe von der Karosserie abzuschleifen – die Silberpfeile waren geboren. Mit der nackten Alu-Karosserie gewann dann Manfred von Brauchitsch dieses Auftaktrennen.

› Die große Zeit der Silberpfeile

Die Rennwagen von Alfa Romeo, Bugatti und Maserati hatten in den nächsten Jahren nicht mehr viel zu gewinnen. Von den 15 Grand-Prix-Rennen der Jahre 1934 bis 1936 ging

So könnte es am Nürburgring ausgesehen haben: Links der 520 PS starke Auto Union Grand Prix-Wagen – rechts ein 5-Liter-Horch-Coupé. Und dazwischen Bernd Rosemeyer.

Obwohl der legendäre Mercedes SSKL 1932 bereits technisch veraltet war, konnte Manfred von Brauchitsch mit diesem, von dem Techniker Freiherr von Koenig-Fachsenfeld aerodynamisch verbesserten Wagen auf der Avus gegen die Alfa Romeo überraschend gewinnen.

1935 stieg Mercedes-Benz mit dem W 25 wieder in den Grand Prix-Sport ein – die Leistung dieses Boliden: zwischen 598 und 616 PS.

Um die Leistungsexplosion einzudämmen, ließ das Reglement von 1938 an nur noch 3 Liter Hubraum und Kompressor zu – doch der W 154 leistete noch immer 468 PS und 330 km/h Höchstgeschwindigkeit.

nur ein Sieg an Alfa Romeo – das war allerdings der Große Preis von Deutschland am 28. 7. 1935, den der legendäre Tazio Nuvolari vor Hans Stuck auf Auto Union gewann. Es soll allerdings fairerweise gesagt werden, dass der überlegen Führende Manfred von Brauchitsch zehn Kilometer vor Rennende eine Reifenpanne hatte und auf drei Rädern noch als Fünfter ins Ziel kam.

Acht Siege gingen an Daimler-Benz, sechs an Auto Union. Selten haben zwei Firmen die Grand-Prix-Szene in einem solchen Maße beherrscht. Und auch die Langstreckenrennen wurden eine sichere Beute der deutschen Firmen: Es fanden zwölf Rennen statt – sieben gingen nach Stuttgart, drei an die Mittelmotor-Auto-Union-Fahrzeuge. Alfa Romeo schließlich gewann 1936 den Großen Preis von Barcelona und den Großen Preis von Ungarn mit Nuvolari am Steuer. Diese beiden gehörten aber nicht zu den Rennen um die Europameisterschaft.

Natürlich hatten Mercedes Benz und Auto Union im Lauf dieser Jahre deutlich mehr Leistung bereitstellen können: Der W25 erhielt immer mehr Hubraum, am Schluss waren es 4,7 Liter und 473 PS, und der Auto-Union-Wagen hatte 6 Liter Hubraum und 520 PS; die Höchstgeschwindigkeit lag entsprechend bei 340 km/h.

Obwohl ab 1938 ein neues Reglement eingeführt werden sollte, das bei aufgeladenen Motoren nur noch 3 Liter Hubraum erlaubte, wurde für die Saison 1937 in Stuttgart noch einmal ein neuer Wagen gebaut – die Auto-Union-Modelle waren zu stark und dominierend geworden. Der W125 hatte nun einen Hubraum von 5,7 Liter und leistete bis zu 575 PS. Mit diesem Wagen holte man dann zwei Doppel- und zwei Dreifachsiege gegen einen Doppelsieg von Auto Union.

Dessen ungeachtet hatten beide Firmen damit angefangen, ihre Fahrzeuge für die nächste Saison zu entwickeln. Auto Union setzte auf einen 3-Liter-Zwölfzylinder, der immerhin 485 PS entwickelte – und natürlich war auch dieser von Eberan von Eberhorst gezeichnete Typ D wieder mit einem Mittelmotor ausgestattet. Die Höchstgeschwindigkeit betrug 330 km/h – und 1938 und 39 wurden elf Rennen gewonnen.

Auch Daimler-Benz hatte auf einen Zwölfzylinder gesetzt, der mit vier oben liegenden Nockenwellen und vier Ventilen pro Zylinder schon modernste Rennwagentechnik darstellte. Der W154, wie er werkintern bezeichnet wurde, leistete 1938 bis zu 460 PS, ein Jahr später waren es dann 480 PS. Im ersten Jahr dieser neuen Formel, 1938, gewannen die Daimler-Benz-Wagen sechs Rennen, der Rest ging an Auto Union, und ein Jahr später wurde dann Hermann Lang auf Daimler-Benz Europameister. Und wieder hatten die anderen Produzenten nur verloren.

› Das Unmögliche versuchen

So war es dann auch kein Wunder, dass ab 1936 die Voiturette-Rennen, die mit Fahrzeugen bis 1,5 Liter Hubraum gefahren wurden, bei den Franzosen und Italienern immer beliebter wurden. Hier konnten die Maseratis und die Bugattis und eine Vielzahl englischer Hersteller unter sich fahren.

Für 1939 hatten dann die Italiener die Idee, den Großen Preis von Tripolis, der auf dem schnellen Mellaha-Kurs in der italienischen Kolonie Libyen ausgetragen wurde, nur noch für 1,5-Liter-Voiturette-Wagen zugelassen. Damit sollte die Siegesserie der deutschen Rennwagen unterbrochen werden, die bei diesem mit hohen Preisgeldern dotierten Rennen seit der Einweihung im Jahr 1934 dominierten.

Zwar hatten die kleineren und leistungsschwächeren Wagen bereits im Vorjahr in Sonderwertung mitfahren dürfen – die Italiener wollten jedoch auch einmal wieder einen Alfa Romeo oder einen Maserati siegen sehen. Da 1938 Piero Taruffi die 1,5-Liter-Klasse auf einem Maserati gewonnen hatte, schienen die Chancen auch für 1939 gut zu stehen. Deshalb verkündete der italienische Motorsportverband im September 1938, dass alle Monopostoveranstaltungen der kommenden Saison nur noch mit Wagen der Voiturette-Kategorie ausgetragen werden würden.

Alfred Neubauer hörte von dieser Entscheidung am 11. September beim Großen Preis von Italien; am 15. September beschloss der Daimler-Benz-Vorstand in Untertürkheim, das Unmögliche zu versuchen und bis zum Mai des nächsten Jahres einen vollständig neuen Rennwagen entwickeln zu lassen. Am 18. November erfolgte der Konstruktionsauftrag für die Fertigstellung von drei Chassis des Typ W165 und drei Motoren des Typs M165. Mitte Februar 1939 wurden die Konstruktionszeichnungen fertig gestellt. Man hatte einen V-Achtzylindermotor mit 1495 ccm Hubraum gewählt, der über vier Ventile pro Zylinder und vier oben liegende Nockenwellen zur Steuerung der mit Quecksilber gekühlten Ventile verfügte. Für die Aufladung sorgten zwei einstufige Roots-Kompressoren, die mit einem Ladedruck von 1,4 at arbeiteten.

Als Anfang April 1939 die ersten Testfahrten in Hockenheim gefahren wurden, leistete der W165 bereits 246 PS, die 272 km/h ermöglichten. Diverse Feinarbeiten ermöglichten noch eine weitere Steigerung auf 260 PS – das waren rund 40 PS mehr, als die Alfa Romeo 158 leisteten, und die Maserati 4CL-Modelle brachten ebenfalls etwa 220 PS an die Hinterachse.

Luigi Villoresi, der einen stromlinienförmig verkleideten Maserati 4CL fuhr, konnte zwar beim Training die schnellste Rundenzeit mit einem Schnitt von 211,7 km/h fahren – im

Mit dem 6-Liter-Sechszehnzylinder erreichte der Auto Union Typ C nicht weniger als 520 PS – damit wurden weit über 340 km/h erreicht.

Die Antwort von Auto Union auf das 3-Liter-Reglement war der Typ D mit zwölf Zylindern und 420 PS Leistung.

Rennen selbst errangen dann die beiden W165 von Daimler-Benz unter Hermann Lang und Rudolf Caracciola einen sensationellen Doppelsieg vor Guiseppe Farina auf Alfa Romeo und Piero Taruffi auf einem Maserati.

Der W165 sollte 1940 in Tripolis wiederum antreten; zwei neue Wagen und Motoren waren in Auftrag gegeben worden, und die Achtzylinder leisteten nun 278 PS – der Krieg durchkreuzte jedoch diese Pläne. Der W165 wurde nur einmal gefahren – und hatte auf Anhieb gewonnen.

Natürlich hatten die vielen Siege auch für die Hersteller Werbung zu machen – hier freut sich Mercedes-Benz über einen Sieg von Hermann Lang.

Es waren schon außergewöhnliche Männer, die sich in diese Geschosse setzten, die weit über 300 km/h erreichten – und sich dabei auf schmale Reifen und nur rudimentär vorhandene Bremsen verließen.

Der Neubeginn

N ach dem Ende des Zweiten Weltkrieges begann die europäische Industrie einmal mehr damit, ihre Fabriken neu aufzubauen. Was in Deutschland noch stand, wurde demontiert und in die Länder der Siegermächte transportiert. So bauten die Russen noch jahrelang die Opel-Kadett-Modelle der Vorkriegszeit, und auch manche britische und französische Modellreihe basierte auf deutschen Vorbildern. Später, als sich die Wirtschaft der Bundesrepublik Deutschland zu erholen begann, stellten sich diese Demontagen als großer Vorteil für die westdeutschen Firmen heraus: Sie waren so gezwungen worden, bei Null anzufangen – und sie konnten ihre neuen Produktionsanlagen von Anfang an optimal auslegen.

› Nach schwierigem Start kommt der Kleinwagen-Boom

Zunächst einmal musste jedoch erst der Schutt weggeräumt werden. Ein Vorstandsbericht der Daimler-Benz AG aus dem Jahr 1946 äußerte sich zu diesem Thema so: „Im Rahmen der weitgehend eingeschränkten Möglichkeiten wurde nun begonnen, die Belegschaft in die Fabriken zurückzuführen, alle Maßnahmen zu treffen, um die Trümmer zu beseitigen, die notdürftigsten Instandsetzungen durchzuführen und zunächst mit der Reparatur von Fahrzeugen zu beginnen. Wenn man zunächst annahm, dass es möglich sein würde, mit aller Energie die Verhältnisse notdürftig zu ordnen und einen raschen Neuaufbau anzustreben, für den die finanziellen Voraussetzungen gegeben waren, so zeigte sich doch bald, dass der Weg hierzu ein sehr langwieriger werden sollte."

Unter diesen schwierigen Startbedingungen hatten auch die anderen Hersteller zu leiden. Schließlich war in den ersten Nachkriegsjahren der Kauf von Kraftfahrzeugen nur auf Bezugs- und Berechtigungsscheine möglich – und über diese Scheine verfügten zunächst nur die Militärregierungen der Besatzungszonen. Man darf also davon ausgehen, dass die 9931 Automobile, 9160 Liefer- und Lastwagen, 2003 Zugmaschinen sowie die 3320 Anhänger des Jahres 1945 zum größten Teil in deren Kanäle flossen. Zahlen, die wir übrigens dem am 2. Mai 1945 gegründeten Verband der Automobil-Industrie (VDA) verdanken.

Weder war ein VW Käfer so dynamisch flach, noch hatten die deutschen Frauen derart schmale Hüften – doch die Zeichnungen des ersten VW-Prospekts von 1949 begeisterten (fast) alle Kaufinteressenten.

Nach dem Zweiten Weltkrieg begannen ausländische Autofimen in Deutschland zu produzieren. Fiat baute in Heilbronn den Kleinwagen 500 C, aber auch den 1400. Im Bild das schmucke 1400-Cabriolet.

„Besser als ein Motorrad" – so feierte die Motorpresse den Lloyd LP, der von 1950 an erfolgreich für Basis-Mobilität sorgte. Von allen Varianten wurden 176.524 Exemplare verkauft.

Vater und Sohn: Ferdinand Porsche und Ferry Porsche – und zwischen den beiden der erste Porsche-Sportwagen. Ein Foto von 1948.

Es dauerte etwa bis zum Jahr 1950, bis wieder von einer größeren Typenvielfalt gesprochen werden konnte. In den Jahren 1945 bis 1947 produzierten in Deutschland nur drei Firmen Automobile: Das Volkswagenwerk stellte 20.146 Exemplare des VW 1200 – des Käfers also – her. Dazu wurden ganze 20 Fahrzeuge des Typs Opel Olympia und 612 Mercedes-Benz der 170er Baureihe gebaut. 1948 kamen dann noch der Opel Kapitän und der Ford Taunus hinzu. Und 1949 erschien als fünfter Hersteller Borgward – der Senator h. c. aus Bremen begann seine Nachkriegskarriere mit 1148 Exemplaren des Hansa 1500.

1950 konnte der Käufer schon unter 14 verschiedenen Modellreihen wählen – VW verkaufte in diesem Jahr 82.399 Exemplare des Käfers mit dem 1,2-Liter-Motor. Opel brachte 41.341 Olympia-Modelle an den Mann, dazu kamen 18.649 der teuren Opel-Kapitän-Modelle. Der Ford Taunus verkaufte sich in 24.443 Exemplaren, während Mercedes-Benz 33.906 Exemplare der 170er-Modelle auslieferte. DKW begann mit einer Produktion von 1540 Stück der F89-Baureihe, und Borgward baute in diesem zweiten Jahr des Bestehens schon 8751 Exemplare des Hansa 1500. Dazu hatte man in Bremen mit der Produktion des kleinen Goliath GP 700 begonnen, der – neben einigen anderen Fahrzeugen – mit seinem 688 ccm großen Zweizylinder-Zweitaktmotor und 24 PS Leistung die Ära der Kleinwagen einleitete.

Mit auf dieser Kleinwagenwelle schwamm der Lloyd 300, der zum Preis von nur 3334 DM auf Anhieb ein Verkaufsschlager wurde. Bis 1957 wurden von dem Zweizylinder-Zweitakter (einschließlich der 400er-Version) nahezu 138.000 Fahrzeuge gebaut. Damit stand der Leukoplastbomber, wie er vom Publikum wegen seiner Karosserie aus Sperrholzschalen mit Kunstlederbezug genannt wurde, gegen 1955 hinter VW und Opel an dritter Stelle der Zulassungsstatistik.

Fiat begann in Heilbronn mit der Montage des Typs 500 C – hier verteilten sich die 570 ccm Hubraum auf vier Zylinder, und die 16,5 PS brachten bis 95 km/h. Die Kundschaft konnte zwischen der Kabrio-Limousine (4900 DM) und einer zweitürigen Kombi-Version (5200 DM) wählen. In den ehemals von NSU übernommenen Werken wurden 1047 Exemplare dieses 500 C gebaut, dazu kamen die ersten zwei Exemplare des Fiat 1400.

Last but not least begann dann noch Ferry Porsche, der Sohn des legendären Ferdinand Porsche, mit der Serienproduktion des Porsche 356 in Stuttgart-Zuffenhausen. 335 Exemplare des 10.200 DM teuren Coupés und 12.200 DM teuren Kabrioletts wurden ausgeliefert. Zwar hatte man bereits ab 1948 im österreichischen Gmünd 50 Coupés und

Natürlich hatte das VW Käfer-Cabriolet, das die Karosseriefirma Karmann von 1949 an baute, seinen Preis: 7.500 Mark.

Ab 1958 bestimmte der Trabant das Straßenbild der DDR –
im Bild die zweifarbige de-luxe-Ausführung des Trabant P 50.
1963 wurde das Nachfolgemodell Trabant 601 vorgestellt,
ebenfalls mit Zweitaktmotor und Kunststoff-Karosserie.

Die Isetta war eine Lizenzproduktion der italienischen Iso-Werke
– BMW konnte davon nicht weniger als 160.000 Exemplare
verkaufen.

vier Kabrioletts in Handarbeit montiert – von einer Serienproduktion konnte dabei jedoch noch nicht gesprochen
werden. Der 356, der in seiner ersten Version einen 1,1-Liter-
Vierzylinder mit 40 PS hatte, erreichte bereits
140 km/h – und hatte damit nur wenige andere Fahrzeuge auf
den wenigen Autobahnen zu fürchten.

Damit waren – bis auf die Firma BMW, die erst 1952 mit
der Produktion des 501 wieder in den Konkurrenzkampf ein-
griff – alle großen Hersteller etabliert. Dazu kam dann noch
eine Vierzahl kleinerer Produzenten, die ihr Glück mit dem Bau
von Kleinstwagen versuchten: Das dreirädrige Fuldamobil mit
200- und 250-ccm-Motoren ging von 1951 bis 1960 in rund
1500 Exemplaren zu Preisen von etwa 3000 DM weg. Bis 1954
konnte die Firma Kleinschnittger etwa 2500 Stück des kleinen F125-Sportzweisitzers verkaufen. Mit ihm bekam der
Kunde für 2400 DM praktisch keinen Kofferraum und einen
125-ccm-Ilo-Motor angeboten – dafür bestand die Karosserie aus Aluminium. Von 1956 bis 1958 baute Egon Brütsch aus
Stuttgart den Victoria Spatz. Anfänglich sorgte ein 200-ccm-
Sachs-Motor mit 10 PS für 75 km/h – später wurde der Einzylinder auf 250 ccm vergrößert, und die Leistung wuchs auf
14 PS. Dieser knapp 100 km/h schnelle Dreisitzer sah zwar
ziemlich schick aus, er litt jedoch unter der Tatsache, dass
sich die Kunststoffkarosserie bei unsauberem Betanken rasch
mit Treibstoff vollsog – und dann genügte ein heiß geworde-
nes Auspuffrohr, und der Spatz brannte in kurzer Zeit aus.

Der Messerschmitt-Kabinenroller erinnerte an die
Pilotenkanzel eines Jadflugzeugs und wurde in rund 66.000
Exemplaren zu Preisen zwischen 2100 und 3725 DM verkauft.
Der Heinkel-Kabinenroller war eine Variation des Themas Isetta mit einem 198 ccm großen Einzylindermotor und 10 PS
Leistung. Die Isetta selbst – von BMW nach einer Lizenz der
italienischen ISO-Werke gebaut – brachte mit über 160.000
verkauften Exemplaren das dringend benötigte Geld in die
Kassen der Münchener. Die Isetta sorgte für die Sanierung der
Finanzen – brachte aber auch Imageschwierigkeiten: Einerseits bestand die BMW-Kundschaft aus Kleinstwagenfahrern,
die für ihre 12 PS starken Isettas 2580 DM angelegt hatten und
85 km/h erreichten – andererseits gab es die großen 502-
Achtzylinder mit 120 und 140 PS zu Preisen von 16.950 DM
an aufwärts.

› **Er rollt und rollt und rollt ...**

Die aus den 30er Jahren stammende Konstruktion von Ferdinand Porsche hatte sich jedoch als die Beste herausgestellt:
Der Käfer lief und lief und wurde zum echten Volkswagen. Seit

1945 in über 30 Millionen Exemplaren produziert, ist er auch heute – mehr als 60 Jahre nach den ersten Prototypen – noch in Mexiko in Produktion. Mit ihm entwickelte sich VW zu einem der größten Automobilkonzerne der Welt, und mit dem Geld des Käfers konnte in den 70er Jahren die neue Generation der wassergekühlten Frontantriebswagen entwickelt werden, die unter den Namen Golf, Passat, Polo und Scirocco die Basis des Aufschwungs des heutigen Unternehmens bildeten. Wie exzellent der Ruf des Käfers war, zeigte sich 1998, als VW mit dem New Beetle den „Käfer-Kult" modisch wiederbelebte.

Es gab aber auch französische und britische Volksmobile. So hatte Pierre Boulanger, der Generaldirektor des Hauses Citroën, bereits in den 30er Jahren von seinen Ingenieuren einen französischen Volkswagen gefordert. Es sollte vier Personen so komfortabel und ökonomisch wie möglich befördern. Und Boulanger hatte seine Ansprüche locker formuliert: Mit ihm müsse „der Bauer eine Kiste Eier unbeschädigt zum nächsten Markt" bringen können. Das Ergebnis hatte verblüffende Ähnlichkeiten mit dem Käfer: Beide Modelle hatten einen Boxermotor (VW: vier Zylinder – Citroën: zwei Zylinder), beide waren luftgekühlt („Luft kann im Winter nicht einfrieren") und beide hatten ihre Motoren an Extrempositionen (VW: hinter der Hinterachse – Citroën: vor der Vorderachse), damit der Innenraum so groß wie möglich gehalten werden konnte.

Als Boulanger 1936 die ersten Prototypen besichtigte, erfüllten sie seine Forderungen: Die Wagen konnten vier Personen mit 50 Kilogramm Gepäck 50 km/h schnell befördern; dazu kam der bestandene „Eiertest", und die Geräumigkeit wurde überprüft, indem Boulanger den 2 CV mit aufgesetztem Hut bestieg. Der Hut blieb auf dem Kopf, der Wagen war genehmigt. Durch den Krieg kam es jedoch erst 1948 zur Präsentation, und während die Kritiker sich über die Form lustig machten („Wo ist bitte der Büchsenöffner montiert?"), konnte Citroën ein Jahr später eine Lieferfrist von sechs Jahren bekannt geben.

Am 5. August 1955 feierte VW mit diesem mit Blattgold vergoldeten Wagen den Bau des einmillionsten Käfers.

Die Standard-Limousine des Ford Taunus wurde 1949 zum Preis von 6965 Mark angeboten – und sollte in 13.534 Exemplaren verkauft werden.

› Erfolgswagen von Daimler, Opel und Ford

Während sich der Volkswagen seine eigene Klasse von Käufern schuf, die sich ohne Rücksichtnahme auf soziale Strukturen vom Bankdirektor bis zum Studenten, von der Hausfrau bis zum Maurermeister erstreckte, gab es natürlich auch einen Markt für die Arrivierten: Daimler-Benz verstand es vortrefflich, den Ruhm der Marke aus der Vorkriegszeit in die Gegenwart hinüberzutragen.

Anfang der 50er Jahre war auch bei Opel wieder Exklusivität gefragt, wie die Cabrio-Limousine und der Kapitän beweisen.

In seiner letzten Evolutionsstufe leistete der Mercedes 300d – erstmals mit einer Benzineinspritzung versehen – nicht weniger als 160 PS. 3077 Exemplare wurden gebaut.

Der Auto Union 1000 SP war – trotz seines 1-Liter-Dreizylinders mit nur 55 PS – einer der Traumwagen der 50er Jahre.

Alle liebten die Borgward Isabella – und trauerten, als die Produktion der sportlichen Limousine 1961 eingestellt wurde.

Die rasch als Adenauer-Mercedes titulierte 300-Limousine wurde zum Sinnbild für einen erfolgreichen Geschäftsmann, und wer sich das 300-Kabriolet leisten konnte, erregte Aufsehen wie ein Filmstar. Aber auch die Sechszylindermodelle der 220-Baureihe (die ab 1958 auch als erste Großserienmodelle mit einer Bosch-Einspritzanlage unter der Bezeichnung 220 SE verkauft wurden) brachten ihrem Besitzer jenes Maß an Anerkennung ein, das ein Opel Olympia Rekord oder ein Borgward Hansa 2400 nie hervorgerufen hätte.

Da half auch nicht die ausgefallenste Reklame: Selbst der Anblick eines Opel Kapitän vor dem Clipper Constitution der Pan American Airways sorgte nicht für das Plus an Image, das die Stuttgarter offensichtlich abonniert hatten.

Dabei waren die Kapitän-Modelle die preisgünstigsten und wirtschaftlichsten Fahrzeuge der oberen Klasse auf dem deutschen Markt: 1954 hatte der Käufer für den 2,5-Liter-Reihensechszylinder mit 71 PS, der immerhin 138 km/h schnell war, nur 9660 DM zu bezahlen. Allerdings konnten sich die Rüsselsheimer damit trösten, dass ihr Kapitän in erfreulichen Stückzahlen verkauft wurde: Von der im November 1953 vorgestellten Version mit der Pontonkarosserie wurden bis zur Modeländerung im Juli 1955 insgesamt 61.543 Exemplare ausgeliefert.

Der große Erfolgswagen war jedoch der Opel Olympia Rekord, der auf Anhieb durch seine Wirtschaftlichkeit und seine gute Verarbeitung zu überzeugen wusste. Die Reihenvierzylinder waren praktisch unverwüstlich, und die knapp 130 km/h Höchstgeschwindigkeit genügten alle Mal. Die Preise lagen bei etwa 6500 DM, und die Kombiversion mit dem Namen Caravan wurde für viele kleine Unternehmer zum unentbehrlichen Transportmittel.

Der größte Konkurrent von Opel war stets Ford – die deutsche Tochter des amerikanischen Konzerns. Hier begann die Produktion mit dem Ford Taunus, der sich nur in wenigen Details vom Vorkriegsmodell des gleichen Namens unterschied. Von diesem Modell, das rasch den Spitznamen Buckel-Taunus erhielt, wurden von Ende November 1948 bis Januar 1952 insgesamt 74.128 Wagen gebaut: 62.828 Limousinen und Kabrios sowie 11.300 Kasten- und Kombiwagen. Es folgten diverse Ford-Taunus-Modelle, die sich in großen Stückzahlen absetzen ließen und denen stets auch Kabrioletts zur Seite gestellt wurden, die zwar nur geringe Stückzahlen erreichten, dafür aber das Ansehen der normalen Modelle und die Verkaufsziffern steigerten.

Interessant ist, dass sich Ford zu diesen Zeiten noch nicht an die Produktion von Luxuswagen wagte. Es dauerte bis zum Ende der 60er Jahre, bis der erste 2,6-Liter-Sechszylinder im Programm auftauchte.

› Traumwagen aus Bremen: Borgward

Da hatte Carl F. W. Borgward weniger Bedenken: Er überraschte sein Publikum im Oktober 1952 mit dem Borgward Hansa 2400, der für 12.950 DM einen 2,4-Liter-Reihensechszylinder mit 82 PS Leistung und eine Höchstgeschwindigkeit von 150 km/h bot. Leider war der Wagen bei seiner Präsentation technisch noch nicht ausgereift, und so wurden bis zum Sommer 1955 nur 1032 Exemplare verkauft. Das deutlich technisch und optisch verbesserte Nachfolgemodell litt unter dem Ruf der ersten Ausgabe so stark, dass bis zum November 1958 nur noch 356 Stück des Hansa 2400 an den Mann gebracht werden konnten.

Borgward glückte dann jedoch mit der Isabella einer der Traumwagen der 50er Jahre. Sie galt mit ihrem 1,5-Liter-Vierzylinder und anfänglich 60 PS (und später 75 PS) als ungewöhnlich sportliches Fahrzeug. Die Straßenlage war hervorragend, und wenn sich Borgward nicht mit einer zu großen Anzahl der Modellreihen finanziell übernommen hätte, wäre BMW nur schwerlich das Kunststück gelungen, den Markt für sportliche Limousinen so kampflos zu übernehmen.

Mit der neuen „Meisterklasse" startete DKW 1950 die Pkw-Produktion im Westen – der Zweitakt-Zweizylinder mit 0,7 Liter Hubraum leistete 36 PS.

› Von der Auto Union zu Audi

Die 1932 entstandene Auto Union AG, aus den Firmen Audi, DKW, Horch und Wanderer zusammengefügt, war 1945 enteignet worden. Die in Sachsen beheimateten Werke hatten keine Möglichkeit mehr, nach Westdeutschland zu liefern – und so begannen Dr. Richard Bruhn und Dr. Carl Hahn (der Vater des späteren Vorstandsvorsitzenden von VW) das Zentraldepot von Auto Union in Ingolstadt als Basis einer neuen Auto Union im Westen auszubauen.

Waren bislang in Ingolstadt nur Ersatzteile für die noch vorhandenen Vorkriegsfahrzeuge von Auto Union gelagert worden, so begann man 1949 mit der Produktion von DKW-Motorrädern und DKW-Lieferwagen. Dazu kamen dann die DKW-Meisterklasse- und DKW-Sonderklasse-Modelle, die mit Zwei- und Dreizylinder-Zweitaktmotoren (23 und 34 PS) ausgestattet waren. Wurden von der Meisterklasse noch 59.475 Fahrzeuge verkauft, so waren die Modelle der Sonderklasse mit 57.407 Exemplaren ebenfalls recht erfolgreich. Das große Erfolgsmodell des Hauses wurde jedoch der DKW 3 = 6, der von September 1955 bis Juli 1959 in insgesamt 137.800 Stücken ausgeliefert wurde. Bei dem 3 = 6 sorgte ein 1-Liter-Dreizylinder-Zweitaktmotor mit 38 PS (später 40 PS) für 120 km/h, und der Preis von anfänglich 5455 DM galt als angemessen.

1954 präsentierte Opel den neuen Kapitän mit einem 68 PS starken Reihensechszylinder – die Ambience war gut gewählt, denn noch waren Flugreisen exklusiv und teuer.

1955 stellte Fiat mit dem neuen 600 seinen ersten Kleinwagen mit Heckmotor vor, der 19 PS leistete und für maximal 103 km/h sorgte.

Mit dem 4 CV hatte Renault von 1948 bis 1961 einen absoluten Bestseller im Programm – nicht weniger als 1.150.550 Exemplare sollten in diesen Jahren entstehen.

Von 1953 bis 1955 wurden von dem 90 PS starken Triumph TR 2 exakt 8628 Exemplare gebaut.

Trotz dieser stolzen Zahlen kam DKW in finanzielle Schwierigkeiten, als die Kundschaft dem lauten und immer leicht schmierigen Zweitakter den Rücken kehrte – und DKW hatte keine Alternative zu bieten. Da halfen auch keine kleinen sparsamen Modelle, wie beispielsweise der F 12, dessen 0,9-Liter-Dreizylinder auf 100 Kilometer mit acht Litern Zweitaktgemisch auskommen sollte.

1958 kaufte sich dann Daimler-Benz bei der Auto Union GmbH ein, entwickelte einige Modelle, steckte viel Geld in die Produktionsanlagen – und trennte sich 1965 wieder von dieser Firma. Dann übernahm VW die Auto Union GmbH, baute noch bis zum Februar 1966 den 1,2-Liter-DKW-F 102 und begann im September 1965 bereits mit der Montage des ersten Audi. Dieser 1,7-Liter-Vierzylinder, von Daimler-Benz bereits bis zur Serienreife entwickelt, war im Kaufpreis enthalten und begründete den neuen Ruf von Audi.

Die 50er Jahre brachten entscheidende Veränderungen: Zum ersten Mal wurde das Automobil für die breite Masse erschwinglich: Der Sonntagsausflug, die Urlaubsfahrt nach Italien, der Besuch bei Freunden – alles war mit einem Käfer oder einem Opel Olympia möglich. Das Auto wurde sogar billiger: Der VDA veröffentlichte 1961 eine Statistik, aus der hervorging, dass seit dem Jahr 1951 (Index 100) die Pkw-Preise auf 88 gesunken waren, während die Löhne auf 250 anstiegen und sich die Stahlpreise verdoppelt hatten.

› Neue Ideen aus dem Ausland

Der Import ausländischer Automobile nach Deutschland wurde anfänglich vernachlässigt, obwohl die Franzosen, Engländer und Italiener manche technische Finesse anzubieten hatten. Besonders der italienische Fiat-Konzern entpuppte sich als Massenproduzent par excellence: Der Topolino wurde in modernisierter Version bis 1955 gebaut und dann durch den Fiat 600 ersetzt.

Alfa Romeo kümmerte sich mehr um den Luxuswagensektor: Die 2,5-Liter-Reihensechszylinder stammten noch aus der Zeit vor dem Zweiten Weltkrieg, waren aber mit ihren 90 PS noch immer mit die stärksten Serientriebwerke des Jahres 1947. Die Karosserien hatten wunderschöne Namen wie Freccia d'Oro oder Villa d'Este – aber die Stückzahlen blieben niedrig. Wer hatte damals schon 3.200.000 Lire für ein Auto übrig? Von 1947 bis 52 wurden ganze 680 dieser Traumwagen gebaut. Erst 1954 kam mit der Giulietta und dem dazu gehörigen Giulietta-Sprint-Coupé ein Großserienmodell auf den Markt, dessen 1,3-Liter-Doppelnockenwellen-Motor das Basistriebwerk der nächsten Jahre werden sollte.

Der Citroën 2 CV
geriet mit seinem
Zweizylinder-
Boxermotor zu
einem Kultauto.

„Links der Austin-Healey 3000, bekannt für seine internationalen Erfolge, rechts der Austin-Healey Sprite, der beliebte Klein-Sportwagen" – so lautete der PR-Text zu dem entspannten Foto.

Taxifahrer und Landwirte sollten von dem besonders robusten Colorale Savane angesprochen werden – der Name setze sich aus COLOnial + ruRALE = ländlich zusammen.

Die Franzosen hatten, neben dem Citroën 2 CV, noch manchen anderen Kleinwagen anzubieten. Renault präsentierte 1946 den 4 CV mit wassergekühltem 760 ccm großem Heckmotor; es war dies das erste Auto des 1945 verstaatlichten Unternehmens. 1951 kam ein 1,9-Liter-Vierzylinder mit 60 PS unter dem Namen Frégate hinzu, und die Dauphine rundete 1956 das Programm ab. Dieser 845 ccm große Vierzylinder leistete 30 PS und machte die viertürige Heckmotorlimousine zu einem ziemlich temperamentvollen Fahrzeug. Dem Italiener Amadeus Gordini allerdings blieb es vorbehalten, mit seiner getunten Dauphine-Gordini etliche Rundstreckenrennen und Rallyes zu gewinnen.

Citroën hatte etwas weniger Modelle im Angebot: Genauer gesagt nur den 2 CV und den 11 CV – die Gangsterlimousine. Der 11 CV hatte diesen Spitznamen seinem ungewöhnlich guten Fahrwerk zu verdanken, das seit der Präsentation im Jahre 1935 etlichen Gangstern bei der Flucht vor der Polizei geholfen haben soll. Wahrscheinlich waren diese Mythen aber nur geschickt von der Citroën-Pressestelle in die Welt gesetzt worden, denn natürlich fuhr auch die Polizei bald den 11 CV als Dienstwagen.

Dieser Wagen blieb über die ungewöhnlich lange Zeitspanne von 1935 bis 1957 im Programm von Citroën; er wurde dann durch den ID 19 abgelöst. Mit ihm hatten die Ingenieure des Hauses einen Meilenstein gesetzt. Als diese erste aerodynamisch gezeichnete Limousine erstmals auf dem Pariser Autosalon des Jahres 1956 zu sehen war, sahen plötzlich alle anderen Wagen veraltet aus: Die Designabteilung hatte die Form des Autos revolutioniert. Hinzu kam die ausgefallene Technik einer hydropneumatischen Federung, mit der man die Bodenfreiheit variieren und notfalls einige Kilometer auf nur drei Rädern fahren konnte. So stand Citroën mit diesem Modell schlagartig wieder an der Spitze des Fortschritts.

In England ging vieles drunter und drüber: 1952 hatten hier die Firmen Austin und Morris die British Motor Corporation (BMC) gegründet, die sich mit vielerlei Sportwagen der kleineren Art und mit Limousinen beschäftigte. Daneben gab es Firmen wie Triumph, die die damals äußerst begehrten Sportwagen der TR-Baureihe produzierte und Rover, die sich mehr auf solide Qualitätsfahrzeuge spezialisiert hatten. MG produzierte natürlich noch immer seine besonders in den USA begehrten Sportwagen. Dazu kamen noch etliche Kleinserienhersteller wie beispielsweise Morgan oder ein gewisser Colin Chapman, der sich zuerst mit Trialfahrzeugen, die bei den in England äußerst beliebten Geländewettfahrten Dauersieger wurden, einen Namen machte. Aus dieser Kleinstfabrik sollte dann die berühmte Firma Lotus entstehen.

Geld spielt keine Rolle

Während es bei den Kleinwagen noch einmal die reinste Goldgräberstimmung gab, versuchten zu Beginn der 50er Jahre auch einige Produzenten von Luxuswagen, noch einmal an die Träume der Vorkriegszeit Anschluss zu bekommen. Auch hier konnten nur einige Firmen überleben, die jenes Maß an Exotik und Image bieten konnten, das es dem Käufer leicht machte, damals bereits 50.000 oder 60.000 DM auf den Tresen des Händlers zu legen.

› Die Möwenschwinge aus Stuttgart

Dabei waren diese 60.000 Mark schon die Obergrenze: Die meisten Traumwagen der 50er Jahre waren für weniger Geld zu bekommen. Der Mercedes-Benz 300 SL mit den berühmten Flügeltüren kostete von 1954 bis zur Produktionseinstellung 1957 exakt 29.000 DM – und 1400 Kunden kamen in den Besitz dieses alltagstauglichen Exoten, der heute mit bis zu 500.000 DM gehandelt wird.

Dieser 300 SL entstand auf Anregung des amerikanischen Daimler-Benz-Importeurs „Maxie" Hoffmann, der klar erkannt hatte, dass der Siegerwagen der Rennsaison 1952 der ideale Drittwagen von Hollywoodstars werden könnte. So ließ er die Stuttgarter wissen, dass er wahrscheinlich etliche 100 Exemplare verkaufen könnte – und die Exportabteilung forderte von den Technikern, sie müsse den reinrassigen Rennwagen in einen aufregenden Gran Tourismo verwandeln. Zwei Jahre benötigten die Ingenieure, um aus dem Siegerwagen der mexikanischen Carrera Panamericana, der 24 Stunden von Le Mans, dem Großen Preis der Sportwagen auf dem Nürburgring und dem Großen Preis von Europa in Bern eine 215 PS starke Legende zu entwickeln – dann stand der Wagen am 6. Februar 1954 auf der Motor Sports Show in New York.

Die Geschichte des 300 SL hat einige typische Ingredenzien, die zu einem wirklichen Traumwagen gehörten – und auch heute noch gehören: Man nehme etwas Rennlegende (möglichst einige Siege in Le Mans oder bei Formel-1-Rennen), dazu mixe man hochkarätige Technik und überziehe das Ganze mit einer Karosserie, die nicht einmal besonders praktisch sein muss, sondern vor allem gut aussieht.

Der Mercedes-Benz 300 SL ist eine der Ikonen des Automobilbaus – unter dem Rohrrahmen arbeitet ein 210 PS starker 3-Liter-Einspritzmotor.

Vier Siege in fünf Rennen – dieses Kunststück schaffte der 300 SL in der Rennsaison 1952. Und darunter waren Siege bei den „24 Stunden von Le Mans" und bei der „Carrera Panamericana".

Die erste Chevrolet Corvette rief 1953 eine sehr positive
Reaktion hervor – was nicht zuletzt die Verantwortlichen von GM
veranlasste, den Wagen in Serie zu fertigen.

Bis heute gehört der Lancia B24 Spider zu den schönsten – und
gesuchtesten – italienischen Cabrios der 50er Jahre.

Nach dieser Methode wurde nicht nur der 300 SL geboren, sondern auch alle Fahrzeuge eines Enzo Ferrari oder
die Traumwagen der Brüder Maserati.

› Kraftvolles aus Italien und den USA

Enzo Ferrari, der in den 30er Jahren der Teamchef der Alfa-
Romeo-Rennabteilung gewesen war, hatte 1947 seinen ersten Zwölfzylinder gebaut und die Erfahrungen, die seine
Rennwagen auf den Pisten der Welt gesammelt hatten, direkt
in die Serienproduktion weitergereicht. Seine Typen trugen
fast immer den Hubrauminhalt eines Zylinders als Typbezeichnung. Der 212 Inter also hatte 2,6 Liter Hubraum, denn
212 ccm ergeben, mit der Anzahl der Zylinder multipliziert
(mal zwölf), 2,6 Liter. Mit diesem 2,6-Liter-Hubraum erreichte
Ferraris Wagen 160 PS, bereits 1952 – so viel Leistung
hatten damals nur Rennwagen. Maserati setzte hingegen auf
Sechs- und Achtzylindermotoren mit bis zu 350 PS Leistung,
die in Einzelstücken an den Schah von Persien oder an
Karim Aga Khan ausgeliefert wurden.

Die Amerikaner schließlich entdeckten die Kraft der
großen Achtzylindermotoren, die das erste serienmäßig mit
einer Kunststoffkarosserie ausgestattete Auto der Welt – die
Corvette von Chevrolet – antrieben. Zwar hatten die ersten
Serienexemplare der Jahre 1953 bis 55 nur einen 150 PS
starken Reihensechszylinder, aber ab dem Sommer 1955
konnte gegen Aufpreis ein V8-Zylinder-Triebwerk erworben
werden – und von da an ging es mit den Stückzahlen und der
Corvette-Legende nur noch bergauf.

Ford setzte als Konkurrenz gegen die Corvette auf den
Thunderbird, der sich anfänglich auch besser verkaufen ließ,
dann allerdings im Styling zu amerikanisch wurde; die Außen-
maße nahmen zu, die Farben wurden immer bunter und das
Fahrwerk immer komfortabler. Schließlich akzeptierte man
den Thunderbird nicht mehr als Sportwagen; der endgültige
Siegeszug der Corvette begann, und bis heute ist kein Ende
abzusehen.

› Mehr Power, mehr Luxus

Während Daimler-Benz, Ferrari und Maserati sowie die englischen Firmen Aston-Martin und Jaguar auf den Rennstrecken das Image ihrer Fahrzeuge aufbauten, setzten die
anderen Luxuswagenproduzenten mehr auf attraktive Optik
und bärenstarke Großserienmotoren, die weniger Wartungs-
aufwand und niedrigere Unterhaltskosten versprachen.

Mit mehr Leistung und einem überarbeiteten Fahrwerk hielt die Cobra 427 in den frühen 60er Jahren selbst Ferrari in Schach – daneben die etwas schmalere Cobra 289.

Seine geschwungenen Linien trugen dem BMW 502 neben der ansehlichen Figur den Spitznamen „Barockengel" ein.

Die große Zäsur – 1964 wurde der legendäre Porsche 356 durch den mittlerweile ebenfalls legendären 911 abgelöst.

Die französische Marke Facel Vega war so ein Fall: Die 1954 in Pont-à-Mousson als Hersteller sündhaft teurer Coupés gegründete Firma setzte auf die großen 4,5-, 5,8- und 6,3-Liter-Achtzylinder des amerikanischen Produzenten Chrysler, die bis zu 390 PS leisteten und die schweren, mit allem Luxus vollgepackten Fahrzeuge auf über 240 km/h beschleunigten. Das war für manche Fahrer zu viel – so kam beispielsweise der französische Schriftsteller und Nobelpreisträger Albert Camus in einem Facel Vega zu Tode.

In England setzte Gordon-Keeble auf große amerikanische Motoren; der kleine Sportwagenhersteller AC montierte eines Tages Ford-Achtzylinder in seine Fahrgestelle und schuf mit dem AC Cobra – dessen Entwicklung von dem amerikanischen Rennfahrer Carol Shelby vorangetrieben wurde – den Prototyp eines übermotorisierten und unglaublich schnellen Roadsters. In der stärksten Version leistete dann ein 7-Liter-Achtzylinder 425 PS (in der Straßenversion!) und 485 PS auf den Rennstrecken. Das genügte für eine Höchstgeschwindigkeit von 285 km/h, und es gibt Besitzer, die Stein und Bein schwören, dass ihre Cobra beim Schalten vom zweiten in den dritten Gang (das geschieht bei etwa 160 km/h) noch mit durchdrehenden Reifen weiter beschleunigt.

BMW baute seine großen Achtzylinder-Triebwerke hauptsächlich für die Typen 501 und 502, die mit ihren 2,6- und 3,2-Liter-Motor die ersten deutschen Nachkriegslimousinen mit den prestigeträchtigen acht Zylindern darstellten. Natürlich stellte man den Viertürern auch ein Coupé und einen Roadster zur Seite. Sah das 503-Coupé, das auch noch als viersitziges Kabriolett vorgestellt wurde, schlicht und elegant aus, so war der ebenfalls von dem Designer Albrecht Graf Goertz entworfene 507-Roadster eines der schönsten Autos seiner Zeit. Obwohl der 150 PS starke Wagen in den Händen eines Hans Stuck auch beeindruckende Siege bei Bergrennen erzielen konnte, war er dennoch mehr für das Boulevard-Riding gedacht. BMW hatte jedoch mit diesen Traumwagen wenig Glück: Während vom 300-SL-Coupé 1400 Exemplare und von dessen Nachfolger, dem 300-SL-Roadster 1858 Stück ausgeliefert wurden, konnte der BMW 507 nur 252-mal – zum Preis von 26.500 DM – verkauft werden.

Porsche machte hingegen mit unzähligen Rennsiegen fleißig Werbung und verkaufte immer mehr der Sportwagen. Der seit 1950 produzierte Typ 356 wurde über 14 Jahre hinweg gebaut und erlebte in dieser Zeit so viele Modellpflegemaßnahmen, dass die letzten Wagen mit der ersten Serie nur noch die Silhouette und die Typbezeichnung gemeinsam hatten. Wenn am Anfang noch ein 1,1-Liter-Vierzylinder-Boxermotor mit 40 PS den Vortrieb besorgte, so waren am Schluss beim 356 C 2000 GS Carrera 2 satte 130 PS aus 2 Liter Hubraum erreicht. Hier bewirkten außerdem vier oben liegende Nockenwellen die exakte Steuerung der Ventile und zwei Zündkerzen pro Zylinder eine optimale Verbrennung. Dieser Carrera 2 war der Höhepunkt der 356-Baureihe – ganze 126 Exemplare wurden zum Preis von 23.700 DM (Coupé) und 24.700 DM (Kabriolett) ausgeliefert. Dann kam der Typ 911 mit dem Sechszylinder-Boxermotor, der bis zum heutigen Tag begehrt und beliebt ist.

In die Kategorie der Traumwagen fallen aber nicht nur enge Sportwagen, wie es beispielsweise auch die britischen Austin-Healey Sprite oder Austin-Healey 3000 – der Letztere mit 150 PS – waren, sondern natürlich auch Modelle wie das Mercedes-Benz 300 S-Cabrio, das es auch als Coupé mit festem Stahldach gab. Dieser 3-Liter-Reihensechszylinder mit bis zu 175 PS Leistung war sogar noch teurer als der berühmte 300 SL. Kostete die schwächere Vergaser-Version noch 34.500 DM, so mussten die 200 Käufer der Einspritzerversion 36.500 DM bezahlen.

Bei den Italienern baute, neben Ferrari, Maserati und Alfa Romeo, auch das Haus Lancia Traummobile: Hier waren es besonders die Aurelia- und Flaminia-Modelle, die mit etlichen Spezialkarosserien für Aufsehen sorgten. Ein besonders geglücktes Modell war der Aurelia B24 Spider, mit dem sein Designer Pinin Farina ein Stück Stilgeschichte geschrieben hat. Den Vortrieb der 240 gebauten Exemplare bewirkte ein 2,5-Liter-Sechszylinder mit 118 PS.

› Cruisin' USA

Boten die Italiener in diesen Tagen die fließenden Linien und das gefälligste Design, so machten sich die amerikanischen Konstrukteure daran, das Jetzeitalter in die Autoformen hineinzupressen. Immer länger, immer breiter, immer greller – das schien die Devise der Designpäpste aus Detroit zu sein. Die Heckflossen wuchsen ins Unermessliche; beim Cadillac Eldorado des Jahres 1959 hatten sie dann ihren Höhepunkt erreicht. Von da an ging es wieder abwärts – zumindest mit den Flossen. Dafür stiegen die Hubräume ins Gigantische: 6 oder 7 Liter waren nahezu selbstverständlich; den Rekord stellte Cadillac mit 8,1 Liter Hubraum auf.

Egal ob Chevrolet, Buick oder Dodge, die Amerikaner der 50er Jahre sahen alle hinreißend aus. Wer hätte heute nicht gerne einen Buick Le Sabre mit 300 PS, der im Stand schon 200 km/h schnell aussieht – wenn er sich nur die 25 Liter Benzin, die so ein Achtzylinder schon bei niedrigster Belastung schluckt, leisten könnte.

In den 50er Jahren war jedes Ferrari-Cabriolet mehr oder weniger ein Unikat – hier der 250 GT Cabriolet-Prototyp von Pininfarina von 1957.

Den „American Way of Life" repräsentierte in der 50er Jahren der offene Cadillac Eldorado bis ins letzte Detail. Sonne, Strand, gute Laune und ein schickes Cabriolet – mit riesigen Heckflossen.

Mit der Floride bot das Haus Renault ein bildschönes Coupé zu
einem fairen Preis an – hier ein Modell des Jahrgangs 1960.

Für Wilhelm Karmann war das Karmann-Ghia-Cabriolet nicht nur
der Ausdruck von Lebensart, sondern auch von Zuverlässigkeit –
80.881 Käufer konnten dies bestätigen.

Die amerikanischen Autos der 50er und der frühen 60er
Jahre hatten alle unbändig Kraft und jeden vorstellbaren
Luxus: Elektrische Fensterheber und Klimaanlage waren
selbstverständlich und ein automatisches Getriebe gehörte
zur Serienausstattung. Wer schließlich wollte sich noch der
Mühe des Ein- und Auskuppelns unterziehen?

› Autofreude offen und Off-Road

Es mussten aber nicht unbedingt zweifarbige, heckflossen-
bewehrte Achtzylinder aus den USA sein, um etwas Spaß und
Fahrfreude zu empfinden. Es gab auch kleine Coupés, wie
das Borgward Isabella Coupé oder die Renault Floride, die
ihre Besitzer glücklich machen konnten. Und wer es gerne
etwas offener hatte, konnte zu einer der dazugehörigen
Kabriovarianten greifen. Lancia baute die kleine Flavia, Alfa
Romeo die Giulietta Spyder und BMW das 700-Coupé und
-Kabrio. Fiat erfreute seine Käufer mit dem handlichen 1200-
/1500-Kabrio, und der MGA von MG bot anglophilen Käufern
unverfälschte Roadstertradition zu fairen Preisen.

Es gab allerdings auch schon damals eine Spezies von
Automobilisten – mittlerweile ständig im Wachsen begriffen –,
die ihre Autolust abseits der Straßen austoben wollte: die
Geländewagenfahrer. Nach dem Zweiten Weltkrieg waren
unzählige Exemplare des Jeep in England zurückgeblieben,
und wem diese offenen und reichlich rauhen Gefährte wider-
strebten, konnte ab 1948 in den Land Rover steigen, der bis
zum heutigen Tag in nahezu unveränderter Form produziert
wird.

Rover entdeckte auch als erste Firma, dass die Besitzer
von Farmen nicht nur zur Reparatur der Zäune durch den Mo-
rast fahren müssen, sondern zuweilen auch Lust verspüren,
in Smoking und Abendkleid zur Oper zu fahren. Der Range
Rover beglückte ab 1970 diejenigen, denen der Land Rover
zu langsam und zu proletarisch war: Hier arbeitet anfänglich
ein 3,5-Liter-Achtzylinder mit 156 PS – heute sind auch große
4,6-Liter-Achtzylinder mit 160 kW oder 218 PS Leistung
lieferbar.

Und heute hat praktisch jeder Hersteller mindestens
einen Geländewagen im Programm, um bei den Interessenten für voll genommen zu werden.

Die große Zeit von Fangio & Co.

Nach Jahren, in denen sich der Motorsport etlichen umweltpolitischen Diskussionen stellen musste, zählt die Lust nach Tempo und ausgefeilter Technik heute wieder zu den populärsten Events überhaupt: Wenn der Große Preis von Monaco stattfindet, sitzen heute etwa eine Milliarde Menschen vor dem Fernsehapparat – so wie auch die 500 Meilen von Indianapolis oder die 24 Stunden von Le Mans Millionen von Menschen interessieren. Und parallel dazu haben aber die Läufe zur Rallye-Weltmeisterschaft oder Events wie die Rallye Paris – Dakar oder die diversen Tourenwagenrennen, die in etlichen Ländern weltweit stattfinden, ihre treuen Fans.

Mit dem „Bisiluro" 102 BS/2.8 stellte die spanische Firma Pegaso in den frühen 50er Jahren etliche Geschwindigkeitsrekorde auf.

› Juan Manuel Fangio erobert die Rennstrecken

Dabei hatte alles nach dem Zweiten Weltkrieg noch ziemlich schlicht begonnen: Als im Jahr 1950 die erste Formel-1-Weltmeisterschaft ausgetragen wurde, waren noch hauptsächlich Vorkriegsfahrzeuge am Start. Zwar hatte Alfa Romeo den bereits 1940 entstandenen Typ 158 weiterentwickelt – dennoch war der Reihenachtzylinder, der aus einem Hubraum von nur 1,5 Liter mit Kompressor anfänglich 275 PS leistete, bereits zehn Jahre alt. Nach den ersten Rennen 1948 und 1949 hatten ihm die Techniker dann 350 PS abgetrotzt; und Dr. Nino Farina wurde auf diesem Tipo 158 der erste Fahrerweltmeister der Nachkriegszeit.

Malcolm Sayer, von Beruf Aerodynamiker der Bristol-Flugzeugwerke, formte das schöne Kleid des Jaguar D-Type, der 1955, 1956 und 1957 die „24 Stunden von Le Mans" gewinnen konnte.

Im Jahr darauf kam ein junger Argentinier nach Europa, der zu Beginn der 40er Jahre bei den mörderischen Straßenrennen seiner Heimat die Routine gewonnen hatte, die in Verbindung mit seinem außergewöhnlichen Fahrkönnen einen der besten Rennfahrer aller Zeiten hervorbrachte: Juan Manuel Fangio. Er holte sich 1951 auf dem weiterentwickelten Alfa Tipo 159 – nun mit 425 PS aus 1,5 Liter Hubraum – seine erste Weltmeisterschaft, der noch vier folgen sollten.

Vor seinem zweiten Titel jedoch kam der legendäre Alberto Ascari zweimal zum Zuge; er leitete in den Jahren 1952 und 53 die Siegesserie der Ferrari-Fahrzeuge ein. Commendatore Enzo Ferrari, der vor dem Krieg von 1929 bis '39 Leiter der Alfa-Romeo-Rennabteilung gewesen war, hatte sich 1947 mit dem Bau eines eigenen Zwölfzylinder-Rennwagens selbständig gemacht.

Charles Deutsch war ebenfalls Flugzeug-Aerodynamiker – er schuf 1967 die Karosserie des Peugeot 204 CD, der bei den „24 Stunden von Le Mans" mit 1,1 Liter Hubraum 170 km/h erreichte.

Mit der Geburt der Marke Porsche waren auch gleich die ersten Einsätze im Rennsport und die ersten Siege – hier in Mexiko – zu verzeichnen.

Und so sah 1953 der Klassensieger bei der berüchtigten „Carrera Panamericana" aus – am Steuer des 550 Spyder mit Dachaufsatz saß José Herrarte.

Innerhalb weniger Jahre hatte Enzo Ferrari mit der Hilfe der beiden Ingenieure Gioacchino Colombo und Aurelio Lampredi die Renn- und Straßensportwagen gebaut, die die Marke innerhalb weniger Jahre zu einem Mythos werden ließ. Parallel zu seinen Monoposti und Sportwagen begann er aber auch rasch mit dem Bau von Straßenfahrzeugen, die sich zu Beginn nur rudimentär von den Rennfahrzeugen unterschieden – aber von den Reichen dieser Erde gerne erworben wurden. Und mit deren Geld konnte Ferrari dann wieder die Renneinsätze finanzieren. Da nur wenige andere Hersteller eine so enge Verzahnung zwischen Renn- und Serienwagenabteilung fertig brachten, errangen die Fahrzeuge des Commendatore rasch den Ruf, den sie bis heute in aller Welt haben.

Dazu trugen die neuen Weltmeistertitel bei sowie die unzähligen Siege bei Sportwagenrennen: den 24 Stunden von Le Mans, der Targa Florio auf Sizilien, der Mille Miglia von Brescia, der Carrera Panamericana in Mexiko und den 12 Stunden von Sebring. 1954 und 55 geriet die Ferrari-Vorherrschaft allerdings stark ins Wanken. Daimler-Benz hatte, nachdem man 1952 mit dem legendären 300 SL die Carrera Panamericana in Mexiko, den Großen Preis von Europa in Bern, Le Mans und den Großen Preis der Sportwagen auf dem Nürburgring gewonnen hatte, für das Jahr 1954 die Rückkehr zur Formel 1 angekündigt. Und gleich das erste Rennen in Reims wurde von dem W 196 gewonnen. Am Ende der Saison waren Juan Manuel Fangio und Mercedes-Benz Weltmeister.

Das neue Reglement, das einen Hubraum von 2,5 Liter erlaubte, hatte der Mercedes-Benz-Rennabteilung unter der Leitung von Rudolf Uhlenhaut alle Tricks abverlangt – aber dieser Reihenachtzylinder mit Mittelabtrieb und einer desmodromischen Ventilsteuerung leistete etwa 300 PS und damit rund 25 PS mehr als seine Konkurrenten von Maserati und Ferrari.

Das folgende Jahr war für Mercedes-Benz voller Widersprüche: Einerseits wurde mit Fangio erneut die Formel-1-Weltmeisterschaft errungen, und der Brite Stirling Moss gewann mit dem 300-SLR-Rennsportwagen die Sportwagen-Weltmeisterschaft – andererseits verunglückte der Franzose Pierre Levegh auf einem 300 SLR beim 24-Stunden-Rennen von Le Mans am 11. Juni 1955 tödlich und mit ihm starben 88 Zuschauer. Am Ende der Saison gab Daimler-Benz seinen Rücktritt vom Rennsport bekannt, der erst Ende der 80er Jahre mit der Rückkehr zu Sportwagen-Rennen beendet werden sollte. Heute sind die Stuttgarter – nach Siegen in Le Mans und bei der Formel 1 – wieder voll im Motorsport engagiert.

Fangio wurde dann 1956 auf einem Ferrari und 1957 auf einem Maserati 250F noch jeweils Weltmeister – ein Rekord, der kaum noch einzuholen sein dürfte.

› Formel-1-Legenden

Natürlich können hier nicht alle Formel-1-Weltmeister und ihre Autos näher beschrieben werden – darum nur einige Namen: Der Australier Jack Brabham, der Weltmeister der Jahre 1959, 60 und 66, war der erste Fahrer, der auch auf einem von ihm konstruierten Fahrzeug Weltmeister werden konnte (1966). Phil Hill, der Ferrari-Champion des Jahres 1961 – er siegte vor dem in Monza tödlich verunglückten Graf Berghe von Trips –, löste als erster amerikanischer Formel-1-Weltmeister das Ferrari-Fieber in den USA aus (wohin heute mehr als 40 Prozent der Wagen mit dem springenden Pferd verkauft werden).

Der Schotte Jim Clark (Weltmeister 1963 und 65) war unbestritten der schnellste Mann seiner Zeit, bevor er mit seinem Lotus auf dem Hockenheim-Ring tödlich verunglückte. Graham Hill, der Champion der Jahre 1962 und 68 (und Vater des Titelträgers von 1996, Damon Hill), wird ewig in Erinnerung bleiben – er siegte im Straßengewirr von Monte Carlo von 1963 bis 69 nicht weniger als fünfmal. Dann kam die hohe Zeit des Jackie Stewart; er gewann in seiner Karriere nicht weniger als 27 Grand-Prix-Rennen und drei Weltmeistertitel (1969, 71 und 73) – dann trat er ungeschlagen zurück, um in den 90er Jahren mit einem eigenen Formel-1-Team wieder zurückzukehren. Ein Team, das er dann Ende 1999 an den Ford-Konzern verkaufte – der es ab der Saison 2000 unter dem Jaguar-Label weiter einsetzte.

Von den Champions der 70er- und 80er Jahre sind zwei Brasilianer und ein Österreicher besonders erwähnenswert: Emerson Fittipaldi war 1972 und 74 der sichere WM-Sieger; er gewann in kürzester Zeit 14 Große Preise und beschloss dann – mit viel brasilianischem Geld –, ein eigenes Team aufzubauen; von da an fuhr er hinterher.

Niki Lauda war ebenfalls ein Phänomen der Formel 1: Kein anderer Fahrer konnte sich so gut artikulieren wie der dreifache WM-Titelträger. Keiner den Wagen, die Strecke, das Team so gut analysieren. Und er war aus dem Holz, aus dem Journalisten gerne Helden schnitzen: Nach seinem fürchterlichen Nürburg-Unfall 1976 stieg er vier Wochen später wieder ins Ferrari-Cockpit, wurde Vierter in Monza – und gab beim letzten Rennen in Japan auf mit der Begründung, er „wolle nicht sein Leben riskieren". Lauda fuhr 1977 und 78 doch noch, setzte dann aber vier Jahre aus („Das Leben bietet mehr als nur im Kreis herumzufahren") und wurde 1984 auf einem McLaren mit einem Porsche-Motor zum dritten Mal Weltmeister (nach 1975 und 77).

Und auch der Brasilianer Nelson Piquet schrieb mit zwei WM-Titeln (1981 und 1983) Formel-1-Geschichte – zumal er

Auf der Basis des 300 SLR baute sich der Technik-Vorstand Rudolf Uhlenhaut dieses 290 km/h schnelle Coupé, mit dem er zu den Rennen und zur täglichen Arbeit fuhr.

Porsche entwickelte für die Unternehmen TAG und McLaren von 1983 an einen Formel-1-Motor, der Niki Lauda und Ayrton Senna zu drei WM-Titeln verhelfen sollte.

Als Mercedes 1955 wieder in den Grand-Prix-Sport zurückkehrte, hatten die Techniker zwei Karosserieformen für den 290 PS starken W 196 entworfen – eine trug diese aerodynamische Form.

Renault hatte 1977 als erster Hersteller den Mut, in der Formel 1 mit einem Turbomotor anzutreten – es sollte Jean-Pierre Jabouille vorbehalten bleiben, am 1. Juli 1979 beim „GP von Frankreich" den ersten Turbo-Sieg zu erringen.

Von 1998 an dominierte der McLaren-Mercedes in der Formel 1 – und Mika Häkkinen wurde 1998 und 1999 Weltmeister.

auch BMW bei seinem zweiten Titel die Genugtuung schenkte, den ersten WM-Titel mit einem Turbomotor errungen zu haben.

Die Technik der Grand-Prix-Wagen hatte enorme Sprünge gemacht, galt zu Jackie Stewarts Zeiten noch ein Ford-Cosworth-Motor (mit 3 Liter Hubraum) mit 460 PS als absolut ausreichend, so leisten nun die Turbomotoren (mit 1,5 Liter Hubraum) bis 850 PS. Und man munkelte von Trainingsmotoren, die deutlich mehr als 1000 PS leisten sollten. Kein Wunder, dass die oberste Motorsportbehörde diesem Wahnsinn rasch ein Ende bereitete und wieder zu einer 3-Liter-Klasse mit Saugmotoren zurückfand. Aber die Findigkeit der Techniker sorgte mit der Hilfe der Aerodynamik und besserer, elektronisch gesteuerter Fahrwerke rasch für Leistungssteigerungen. Es liegt wohl in der Natur der Sache, dass letztlich jedes Reglement für Fortschritt in der technischen Entwicklung sorgt.

Und so wundert es nicht weiter, dass jede Reglement-Veränderung letztlich doch immer wieder zu noch schnelleren Fahrzeugen führte – egal ob der Hubraum auf 3,5 Liter festgesetzt wurde, schmalere Reifen mit Profil aufgezogen werden mussten oder die elektronisch gesteuerten Fahrwerke den Rückzug anzutreten hatten.

Letztlich beruhigte es dann aber schon, dass es die Fahrer waren, die diese technischen Kabinettstückchen mit ihrer Persönlichkeit und ihrem Können ans Limit führten – allen voran müssen Alain Prost und Niki Lauda, Nelson Piquet und Nigel Mansell genannt werden, die alleine zehn WM-Titel holten. 1988 begann dann der Siegeszug des Brasilianers Ayrton Senna, der auf der Höhe seines Könnens und nach drei WM-Titeln beim „Großen Preis von San Marino" tödlich verunglückte – und der von allen Kennern zu den besten Fahrern aller Zeiten gezählt wird. Eine Kategorie, in die zweifellos auch der Deutsche Michael Schumacher gezählt werden muss, der – nach zwei WM-Titeln auf Benetton – nun seit Jahren seinem dritten Titel bei Ferrari hinterherjagt. 1998 und 1999 dominierten dann die McLaren-Mercedes und der Finne Mika Häkkinen das WM-Klassement.

Es ist dem britischen Vermarktungsgenie Bernie Ecclestone zu verdanken, dass heute die Formel 1 im Mittelpunkt des Motorsports steht – Hunderte von Millionen von Fernsehzuschauern verfolgen diese Rennen. Und die Tatsache, dass sich Firmen wie Jaguar, BMW und demnächst auch Nissan und Honda den klassischen Teams von Mercedes, Ferrari, Ford und Peugeot (als Motorenlieferant) hinzugesellt haben, beweist, dass sich die Zeit der kleineren Teams dem Ende zuneigt – in der Zukunft wird der Formel-1-Zirkus als riesiges (und teures) Image-Zentrum rund um die Welt ziehen.

› Mille Miglia, Monte Carlo und viele mehr

Neben der Formel 1 übte über viele Jahre hinweg auch die Markenweltmeisterschaft eine hohe Faszination aus. Sie entwickelten sich aus den großen Sportwagenrennen der 50er Jahre – beispielsweise der Carrera Panamericana, die über 5000 Kilometer quer durch Mexiko stattgefunden hatte, oder der legendäre Mille Miglia quer durch Italien. Wichtige Rennen fanden aber auch in Le Mans und auf dem Nürburgring statt. Hier holten sich Jaguar, Ferrari, Maserati und – in den 60er Jahren – Ford ihre Namen. Bei den Sportwagenrennen jedoch profilierte sich besonders Porsche: Seit Anbeginn der Firmengeschichte gewann die Zuffenhausener Marke fast jedes Wochenende irgendwo irgendein Rennen – und dazu holte sich Porsche nahezu jeden Titel dieser Erde. Anfang der 60er Jahre gab es einen kurzen Ausflug in die Formel 1: Dan Gurney siegte am 8. Juli 1962 beim Großen Preis von Frankreich. Da der Formel-1-Motor für den McLaren von Niki Lauda eine Auftragsarbeit für die Firma T.A.G. (Technique d'Avantgarde) war, werden dessen Siege in den Porsche-Statistiken nur inoffiziell geführt. Anschließend begab sich Porsche dann wieder in das Gefilde der Langstreckenrennen, wo man seit 1971 (unter anderem) nicht weniger als 16-mal die 24 Stunden von Le Mans gewann.

Die Popularität, die die Rennen mit Serientourenwagen in den 60er und 70er Jahren hatten, als Ford mit dem Capri RS gegen die BMW 3.5 CSL und die Porsche Carrera RSR-Modelle antraten, ließ dann aber langsam nach – und es dauerte bis in die 80er Jahre, als die Deutsche Tourenwagen-Meisterschaft zum großen Kampf zwischen Mercedes, Audi, BMW und Alfa Romeo wurde. Doch auch hier wurden die Fahrzeuge zu kompliziert, zu teuer, und es gab auch kaum noch Piloten, die diese Gefährte optimal bewegen konnten.

Aber auch die Rallye-Fahrzeuge begeisterten – und begeistern noch heute – breite Massen. Waren die Sternfahrten nach Monte Carlo in den 60er Jahren noch vergleichsweise harmlose Angelegenheiten, so sorgten Fahrzeuge vom Kaliber eines Lancia Stratos dafür, dass dieser Sport nur noch von Spezialisten gewonnen werden konnte.

Eine Entwicklung, zu der auch Ferdinand Piëch seinen Teil beitrug – der damalige Technik-Vorstand sorgte dafür, dass der Audi Quattro als erster Wagen mit permanentem Allradantrieb auf die Räder gestellt wurde.

Der quattro-Antrieb sorgte bei Audi auch für zahlreiche Rennsiege – hier ist Frank Biela auf dem Weg zur Deutschen Tourenwagenmeisterschaft.

Mit dem allradgetriebenen Porsche 911 – aus dem sich später der 959 entwickeln sollte – gewannen die Zuffenhausener auch die berüchtigte „Rallye Paris-Dakar".

Die Autos werden immer vernünftiger

Saab baut bis heute – neben seinen Automobilen – auch Flugzeuge. Eine Basis, die sich auch stets in der Aerodynamik der Fahrzeuge niederschlug. Hier der legendäre Saab 96, der 1960 Premiere feierte.

Von 1962 an wurde der neue Opel „Kadett" im neuen Werk in Bochum gebaut – und er bot für 5075 Mark auch mehr Innenraum als der VW Käfer.

In den späten 60er Jahren schien das Auto seinen Stellenwert verändert zu haben: Es war zu einer Selbstverständlichkeit geworden – nahezu jeder Bürger konnte sich eines leisten, das Zeitalter der Massenmotorisierung hatte zumindest in den USA, in Europa und in Japan begonnen. Die Automobile wurden praktischer, haltbarer, wertbeständiger – und unter dem Strich auch immer preisgünstiger.

Ein immer größer werdender Konkurrenzdruck zwang die Produzenten dazu, auf Dinge wie Korrosionsbeständigkeit und eine qualitativ hochwertige Verarbeitung Wert zu legen. Die Fließbandarbeit wurde bis in den letzten Handgriff durchorganisiert; die Anzahl der pro Arbeiter produzierten Fahrzeuge erreichte neue Rekordwerte, und das Volkswagenwerk stellte alljährlich einen neuen Höchstwert für die Produktion des Käfers auf.

› 1000 ccm konnte sich jeder leisten

Die 1-Liter-Klasse war zu Beginn der 60er Jahre dominierend bei den Massenherstellern; schließlich galt damals ein Mercedes-Benz 220 SE bereits als Luxuswagen der Wohlhabenden. In diesem 1-Liter-Marktsegment tummelten sich etliche Anbieter, darunter natürlich der Käfer mit 1,2 Liter Hubraum und 34 PS (4980 DM), der Opel Kadett mit 1 Liter Hubraum und 40 PS zum Preis von 5075 DM und der Ford 12 M mit 1,2 Liter Hubraum und 40 PS – für ihn mussten 5330 DM angelegt werden. Dazu kam der Fiat Neckar Spezial, der damals noch in Heilbronn gefertigt wurde und aus einem 1,1-Liter-Hubraum immerhin 48 PS hervorholte; sein Preis betrug 5760 DM. Audi produzierte noch den 1000 S mit 50 PS für 6695 DM. Die restlichen drei Anbieter kamen aus dem Ausland: Der Renault 8 bot 41 PS für 5880 DM, der Simca-1000-Fahrer hatte sich mit 35 PS zufrieden zu geben und musste dafür noch den höchsten Preis mit 7410 DM bezahlen; und der Austin Cooper bot für 5175 DM die meiste Leistung: 56 PS kamen aus dem kleinen 1-Liter-Vierzylinder.

Der Mini setzte Zeichen: Die geniale Konstruktion des griechischen Chefingenieurs von Austin, Alexander Constantine Issigonis, stellt bis zum heutigen Tag eine der besten Lösungen der Frage „Wie bringe ich möglichst viel Innenraum bei möglichst kleinen Außenflächen unter?", dar. Der später von der Queen geadelte Issigonis stellte den Motor Platz sparend quer unter die Motorhaube, schuf mit dem Frontantrieb einen durch keine Kardanwelle beengten Innenraum, und er stülpte über die Technik eine so geglückte Karosserie, dass der Mini bis heute ein Verkaufserfolg ist – und das nun seit 1959.

Kein Wunder, dass ganze Heerscharen von Entwicklern daran gingen, dieses Prinzip für ihre Firmen zu adaptieren. Der Renault 4 und der Renault 5 haben genauso beim Mini gelernt wie der Peugeot 204, der Alfasud oder die neuesten Generationen eines Ford Fiesta oder Opel Kadett.

VW ahnte in den frühen 60er Jahren bereits, dass der Käfer sich nicht ewig verkaufen lassen würde. Also machten sich die Techniker daran, Nachfolgemodelle zu entwickeln: Der VW 1500 (Typ 3) war zwar optisch nicht gerade gelungen, er half jedoch mit seinen drei Karosserievarianten (als Stufenheck, als Fließheck und als Kombi dazu, dass die Firma über die Runden kam, bis ab 1974 der Golf zum großen Erfolgsmodell wurde. Und dieser Golf wurde dann mit allen seinen GTI-, GTD- und Carat-Derivationen der Trendsetter der 70er, 80er und 90er Jahre, wie es der Mini in den Sechzigern gewesen war.

› VW, Ford und Opel besetzen die Mittelklasse

Andere Firmen waren mutiger: Ford setzte ab dem Modelljahr 1961 mit dem neuen 17 M die Pontonkarosserie auch bei den Mittelklassewagen durch. Der gelungene Werbeslogan dieser Baureihe lautete „Die Linie der Vernunft" – und von September 1960 bis zum August 1964 wurden 669731 Fahrzeuge verkauft.

Mit dem Mini beantwortete der Grieche Sir Alexander Issigonis radikal wie niemand Anderer die Frage: „Wie schaffe ich viel Innenraum auf einer möglichst kleinen Fläche?"

Dieses Auto war seiner Zeit voraus: Von 1967 bis 1977 wurden gerade einmal 40.000 NSU Ro 80 gebaut. Seine außergewöhnliche Optik und der von Felix Wankel entwickelte Kreiskolbenmotor ließen den Ro 80 jedoch zur Legende werden.

Zu den elegantesten Opel-Modellen zählte Ende der 60er Jahre das Commodore Coupé, das für 10.350 Mark 115 PS bot.

Mit seinen glatten Linien war der Ford 17 M von September 1960 an die absolute Design-Sensation – der Werbeslogan lautete: „Die Linie der Vernunft".

Mit dem „Golf" hatte VW auf Anhieb einen Millionenseller im Programm – nur zwölf Monate nach Produktionsbeginn 1974 wurde bereits der 500.000ste Wagen fertiggestellt.

Der 1,7-Liter-Vierzylinder des Ford 17 M war in verschiedenen Leistungsklassen zu haben: Zwischen 60 und 75 PS sorgten für Höchstgeschwindigkeiten bis zu 154 km/h, und die Preise klingen für heutige Verhältnisse recht zivil: Im September 1960 kostete die Basisversion 6645 DM und die 17 M TS-Limousine 7890 DM. Der Käufer hatte jedoch zu bedenken, ob er 95 DM für das Vierganggetriebe anlegen wollte, serienmäßig gab es nur drei Vorwärtsgänge.

Das Konkurrenzmodell von Opel wurde unter dem Namen Olympia verkauft, ein seit den 30er Jahren eingeführter Name, der den Ruf von Solidität und Belastbarkeit besaß. Die 1,5- und 1,7-Liter-Modelle hatten ein etwas amerikanisches Aussehen – hier drangen die Designvorstellungen der Konzernmutter in Detroit deutlich durch –, was jedoch nicht daran hinderte, dass riesige Stückzahlen verkauft wurden. Allein die Olympia-Rekord-Limousine mit dem 1,5-Liter-Motor wurde vom Dezember 1960 bis zum Februar 1963 in 248.683 Exemplaren gebaut – dazu kamen 341.824 Limousinen mit dem 55 PS starken 1,7-Liter-Motor, knapp 165.000 Kombis (die bei Opel unter der Bezeichnung Caravan verkauft wurden) und 31.000 Kastenwagen.

› Doch es gibt auch Verlierer

Hatten sich die vielen Kleinwagenhersteller schon gegen Ende der 50er Jahre in den Konkurs begeben müssen, so mussten in den 60er Jahren zwei führende Firmen erkennen, dass der Automobilbau bei großen Stückzahlen nur noch von Weltkonzernen finanziell bewältigt werden konnte: Carl F. W. Borgward hatte zwar einige Erfolgsmodelle in seinem Programm; er wollte jedoch – aus falsch verstandenem Ehrgeiz – für jeden Interessenten ein eigenes Modell liefern. Für die Kleinwagenkäufer hatte er die Lloyd-Modelle; Gutbrod fuhren die etwas besser Verdienenden, die Borgward Isabella war für sportliche Käufer, und die Hansa-Modelle waren gut zum Repräsentieren. Hinzu kam noch eine Vielzahl von Liefer- und leichten Lastwagen – Borgward konnte die immer weiter steigenden Entwicklungskosten bei so vielen Modellreihen nicht mehr bezahlen. Als er Liquiditätsschwierigkeiten erkennen ließ, brach sein Imperium schlagartig zusammen. Der Bremer Senat übernahm im Herbst 1960 die Borgward-Gruppe und musste dann ein Jahr später endgültig Konkurs anmelden. Heute werden auf dem Gelände Fahrzeuge von Mercedes-Benz gebaut – darunter auch die SL-Baureihe.

Der zweite große Verlierer war die Hans Glas GmbH aus dem niederbayerischen Dingolfing. Glas hatte 1951 mit der Produktion von Goggo-Motorrollern begonnen und 1955 mit dem Goggomobil einen Volltreffer gelandet. Die 247 ccm und 296 ccm großen Zweizylinder-Zweitaktmotoren mit 13,6 und 14,8 PS genügten Zehntausenden von Käufern, die für die Limousine in ihrer schlichtesten Form nur 3097 DM anlegen mussten. Auch das schicke kleine Coupé war mit 3722 DM nicht besonders teuer.

Glas nutzte die Gunst der Stunde und entwickelte ein Modell nach dem anderen – es kamen der Glas Isar, die 1004-, 1204- und 1304-Baureihe (natürlich als Limousine, als Kombilimousine, als Coupé und als Kabriolett) und die Glas 1700-Limousine. An die Seite des Glas 1700 wurde dann noch das bildschöne 1300 GT-Coupé gestellt, das später auch mit dem 1,7-Liter-Motor als 1700 GT angeboten wurde. Die Krönung schließlich war der Glas 2600 V8, mit dem sich Dingolfing direkt mit der Nobelklasse messen wollte.

Natürlich musste auch Hans Glas bei diesem Programm die Luft ausgehen; und BMW kaufte ihm 1966 das Werk für 91 Millionen Mark ab. Das Glas-Programm wurde noch rund zwei Jahre von BMW weitergebaut; seitdem entstehen in Niederbayern Fahrzeuge Münchner Herkunft.

Es ist interessant, dass gerade BMW vom Niedergang dieser beiden Männer profitiert hat: Der BMW 1500, der ab 1962 entscheidend zur Gesundung des Hauses und zu dem Ruf, sportliche Alltagslimousinen bauen zu können, beigetragen hatte, konnte perfekt die Lücke füllen, die die Produktionseinstellung der Isabella TS hinterlassen hatte. Der BMW 1500 besaß 80 PS aus 1,5 Liter Hubraum (Isabella TS: 75 PS) und er zeigte auf Anhieb jene guten Fahreigenschaften, die sich bis heute in München erhalten haben.

BMW prägte mit den gut motorisierten 1800-, 2000-Modellen und den dazugehörigen TI- und TII-Varianten einen neuen Typus von leistungsstarken Familienlimousinen, den sich später noch viele Konkurrenten aneigneten. Ein Opel Commodore beispielsweise wäre ohne Impulse von außen im eher konservativen Rüsselsheim nicht denkbar gewesen.

› Familienlimousinen und Kombis liegen im Trend

Mit solchen Marketingüberlegungen musste sich Daimler-Benz nicht auseinandersetzen: Die Fahrzeuge aus Stuttgart hatten ihre ganz eigenen Qualitäten. Hier wurden – lange bevor die Konkurrenz sich mit diesem Thema auseinandersetzte – bereits an Fahrgast-Sicherheitszellen gearbeitet, die Sicherheits-Lenksäule wurde entwickelt, Knautschzonen berechnet. Die Daimler-Benz-Fahrzeuge galten aber nicht nur als besonders sicher, sie waren auch sonst ungewöhnlich

„Die Göttin" – so schlicht und einfach titulierten die Besitzer der Citroën DS-Modelle ihr geliebtes Gefährt, dessen hydropneumatisches Fahrwerk über alle Schlaglöcher hinwegschwebte.

Die Sensation der Frankfurter IAA 1953 besaß ein verchromtes Haifischmaul und trug den Namen „Opel Olympia Rekord".

Mit dem BMW 1500 – der rasch unter der Bezeichnung „Neue Klasse" populär wurde – gelang den Münchnern der Durchbruch.

Die Renault Dauphine galt Mitte der 50er Jahre als ein besonders gut aussehendes Fahrzeug – seine Premiere feierte der Wagen im April 1956, Produktionsende war 1966.

zuverlässig und außerdem höchst wertbeständig. Dieselfahrzeuge, die 500.000 Kilometer mit dem ersten Motor erreichten, waren keine Ausnahme, und kleine Aufmerksamkeiten, mit denen Besitzer von 100.000-Kilometer-Fahrzeugen andernorts bedacht wurden, waren bei Daimler-Benz schon lange nicht mehr üblich.

Mit all diesen Eigenschaften hatten die Stuttgarter Fahrzeuge genau das erreicht, was das Automobil sein soll: ein zuverlässiges und wertbeständiges Gefährt, das mit optimaler Sicherheit für den Transport von Menschen und ihrem Gepäck sorgen soll. Das Auto war vernünftig geworden.

Die Kundschaft wusste den gestiegenen Wert dieser neuen Fahrzeuggeneration zu schätzen: Die Lust zu reisen nahm zu, die Fahrt mit der ganzen Familie, mit Wohnanhänger und Schlauchboot auf dem Dach wurde zur Selbstverständlichkeit, Italien die zweite Heimat der Deutschen.

Anfang der 60er Jahre begann auch der Siegeszug der Kombis: Es waren nicht mehr nur Handwerker und andere kleine Unternehmer, die sich einen Opel Caravan oder einen Ford Turnier kauften. Familienväter lernten den riesigen Kofferraum eines VW Variant zu schätzen; bis heute ist das meistgebaute Modell der VW Passat-Reihe die Kombiversion Variant – die es seit 1984 auch mit Allradantrieb gibt.

Andere Firmen folgten, und selbst Daimler-Benz begann noch 1978 mit der Produktion seines T-Modells. Der Nutzeffekt wurde wichtiger als das Statusbewusstsein – die Meinung der Nachbarn interessierte immer weniger. Das Auto ist selbstverständlich geworden. So sehr viele ihren Spaß daran haben, einen Ferrari zu bestaunen oder einen Rolls-Royce vorbeigleiten zu sehen, vom eigenen Wagen verlangt man vor allem, dass er anspringt, auch bei Minusgraden zuverlässig ist, dass man die Werkstatt möglichst selten aufsuchen muss und dass er beim Verkauf noch genügend Geld bringt, zumindest die Anzahlung für einen neuen Wagen. Die Hersteller honorieren diese Einstellung mit immer wirtschaftlicheren Produktionsmethoden und immer besseren Modellen. Dabei gibt es in der Industrie nur wenige Erzeugnisse, die in den vergangenen Jahrzehnten so viel billiger und zugleich so viel besser geworden sind.

Dieses Mercedes-Coupé – werksinternes Kürzel: C 114 – war eines der ersten Modelle mit einer elektronischen Benzineinspritzung der Firma Bosch, die im 250 CE für 150 PS sorgte.

Es war diese gute Mischung aus Eleganz und reichlich Innenraum, die den Opel Rekord „Caravan" für Großfamilien und Handwerker so unwiderstehlich machte.

Exotik ist immer gefragt

Von 1960 bis 1963 wurden von dem Aston Martin DB 4 mit der Zagato-Karosserie nur 19 Exemplare ausgeliefert – der 314 PS starke 3,7-Liter-Reihen-Sechszylinder sorgte für ausreichend Temperament.

Eine der nobelsten Methoden, offen zu fahren, bietet zweifellos der Rolls-Royce Silver Cloud III Convertible. Von diesem Modell wurden nur verschwindend wenig Exemplare gebaut.

Die Hersteller von Traumwagen hatten schon immer ihre feste Klientel: Ferrari und Lamborghini, Aston Martin und Maserati, Rolls-Royce und Bentley hatten stets treue Käufer. Es stören weder die Preise ab 100.000 DM aufwärts noch das teilweise nur beschränkte Servicenetz – es zählt allein die Gewissheit, ein rollendes Kunstwerk zu besitzen.

› Autos als rollende Kunstwerke

Kunstwerke sind diese Wagen alle Mal: Filigrane Motoren – oft direkt von Rennwagentechnologie beeinflusst – und atemberaubende Karosserien, von Meistern ihres Fachs entworfen und oft direkt von Museen angekauft. Natürlich hat es ein Nuccio Bertone, Sergio Pininfarina oder ein Giorgetto Giugiaro leichter, wenn er einen Alfa Romeo, Ferrari oder Lamborghini einkleiden darf: Er braucht nicht an vier Türen zu denken; die Größe des Kofferraums ist unerheblich, und Platzökonomie ist auch nicht gefragt. Der Maserati Ghibli beispielsweise war 4,59 Meter lang, 1,80 Meter breit und nur 1,16 Meter hoch. Und auf dieser Grundfläche, die der eines Mercedes 280 SE entsprach, hatten gerade einmal zwei Personen und deren Gepäck Platz.

Die meisten dieser Karosserien entsprechen demselben Grundmuster: lange, elegant geschwungene Motorhaube, große Windschutzscheibe, ein relativ kurzes Heck – und Details, die aus dem Rennsport stammen, verkleidete Scheinwerfer beispielsweise oder Lufthutzen auf der Motorhaube und Motorraum-Entlüftungsschlitze an den Flanken.

Das Ergebnis waren dann Fahrzeuge vom Schlag eines Aston Martin DB 4 GTZ oder eines Ferrari 250 GT SWB. Diese beiden Modelle gehörten zu Beginn der 60er Jahre zu den absoluten Favoriten bei allen Sportwagenrennen. Sie boten ihren Besitzern die Möglichkeit, unter der Woche einen aufregenden Gran Tourismo zu fahren und am Wochenende beim 1000-Kilometer-Rennen auf dem Nürburgring oder in Le Mans zu gewinnen.

Während der Aston Martin auf einen 3,7-Liter-Sechszylinder mit 314 PS vertraute, besaß der Ferrari einen 3-Liter-Zwölfzylinder mit 280 PS. Beide waren mit die schnellsten käuflichen Wagen; ihre Besitzer bekamen für rund 60.000 DM knapp 260 km/h; heute bewegen sich die Preise um eine Million Mark herum – und für einen Wagen mit Rennhistorie wird noch mehr verlangt und bezahlt.

Alle diese Wagen haben eine Technik, die ohne Rücksicht auf die Kosten entwickelt werden durfte; sie waren Trendsetter und bereiteten viele Erkenntnisse aus dem Rennsport für die Serie auf: Die 1926 gegründete Firma Maserati begann erst Mitte der 50er Jahre damit, für vermögende Kunden Sportwagen zu bauen; bis dahin hatte man nur vom Verkauf der Rennwagen gelebt. Natürlich floss dieses Rennwagen-Know-how auch in die Sportwagen der Marke mit dem Dreizack: Der A6GCS mit der Pininfarina-Karosserie war der Beginn einer Reihe von atemberaubenden Fahrzeugen, die bis in die 70er Jahre mit Modellen wie dem Mistral, Ghibli, Khamsin oder Bora die größte Konkurrenz der Geschöpfe von Enzo Ferrari darstellten.

Ferrari hatte von Anfang an nur auf Zwölfzylindermotoren gesetzt; er begann 1947 mit einem 1,5-Liter-V12 und baut heute diese Motoren mit bis zu 5,4 Liter Hubraum. Ferrari suchte sich stets die besten Karosseriefirmen – mittlerweile ist Pininfarina zum Hauscouturier geworden. Bis in die späten 60er Jahre konnten Kunden bei Ferrari auch Einzelstücke bestellen und Traumwagen erwerben, die mittlerweile für Millionen gehandelt werden. Der letzte klassische Frontmotorspider, der 365 GTS/4, kostete 1973 knapp 70.000 DM, heute kostet er mindestens 500.000 DM.

Ähnlich ist es mit den Wagen von Ferruccio Lamborghini. Er hatte sich über die Verarbeitung der Wagen von Ferrari geärgert und beschlossen, selbst Traumwagen zu bauen. Sein aggressivstes Modell war der Miura, der als einer der ersten GT-Wagen über einen Mittelmotor verfügte – hier brachte ein 4-Liter-Zwölfzylinder mit 395 PS rund 280 km/h. Und mit dem Espada schuf er einen familientauglichen Viersitzer mit einem brüllenden Zwölfzylinder und 350 PS Leistung unter der flachen Motorhaube – auch dies ein Klassiker, der bis heute keinen Nachfolger fand.

Natürlich gab es auch ein paar Rennwagen, die – in leicht entschärfter Version – einigen Käufern anvertraut wurden: Der Ford GT 40 gewann von 1966 bis 1969 viermal die 24 Stunden von Le Mans. Knapp 30 Wagen wurden dann in einer Straßen-Version verkauft. Der knapp 300 km/h schnelle

Maserati gehört zu den großen automobilen Legenden – von diesem 2-Liter-Sechszylinder A6GCS mit 160 PS Leistung wurden nur einige wenige Exemplare mit dieser Karosserie von Pininfarina ausgeliefert.

Ende der 60er Jahre war der Maserati Ghibli mit 310 und 330 PS Leistung ein Bestseller – 1274 Stück wurden produziert.

Während sich die sündhaft teuren exotischen Coupés ausgezeichnet verkauften, entstanden die Cabrios nur in geringen Stückzahlen – beim Ghibli-Spyder beispielsweise ganze 125 Stück.

Der Schweizer Peter Monteverdi fertigte von dem „Palm Beach"-Cabriolet mit 375 PS Leistung nur einige wenige Exemplare an.

Und auch vom dem Ferrari 365 GTS/4 sollten zwischen 1969 und 1972 nur 125 Fahrzeuge verkauft werden – für den Vortrieb sorgen 352 PS.

Wagen hatte zwar keinen Kofferraum, war laut und heizte den Innenraum fürchterlich auf – aber er war aufregend. Er trug mit seinen Teil dazu bei, dass bis in die späten 90er Jahre Mittelmotor-Fahrzeuge groß in Mode kamen. So hieß die Antwort von Ferrari 365 GT4/BB (später sollte sich aus ihm dann der Testarossa entwickeln), während Maserati auf den Bora und den Merak setzte – und Alejandro de Tomaso mit seinem Pantera auf beachtliche Stückzahlen kam.

Und auch in Deutschland gab es einen richtigen Mittelmotorsportwagen, der seine Herkunft auf einen Rennwagen zurückführen konnte: der BMW M 1, von dem 504 Exemplare an glückliche Kunden ausgeliefert wurden. Ein Traumwagen mit 3,5 Liter Hubraum, vier Ventilen pro Zylinder und 277 PS.

› Dunkle Wolken am Horizont

Etwas weniger rasant ging es bei Rolls-Royce und Bentley zu; hier ist es schwer, das Schönste aller Modelle zu bezeichnen. Alle sind makellos verarbeitet, quellen über von Holz und Leder, gleiten nahezu lautlos dahin und bieten von der Klimaanlage bis hin zum Kühlschrank im Kofferraum alles, was der Kunde bezahlen kann. Eine der rarsten Versionen war das Silver Cloud III Convertible, das nur in homöopathischen Dosen gebaut wurde – sowie auch die Continental-Modelle nur in einigen wenigen hundert Exemplaren entstanden. Aber alle diese Kleinsthersteller kamen dann zu Beginn der 70er Jahre in größere Schwierigkeiten, als die erste Ölkrise nach völlig anderen Fahrzeugen verlangte: nach ökonomisch vernünftigen Gefährten, die mit möglichst wenig Treibstoff auskommen.

Und so warf sich Ferrari in die starken Arme von Fiat, während Maserati zuerst bei Citroën Zuflucht suchte, um dann (nachdem sich Citroën zu Peugeot gerettet hatte) zuerst einem Konkursverfahren ausgeliefert zu werden, bevor sich der argentinische Ex-Rennfahrer Alejandro de Tomaso um die legendäre Marke zu kümmern begann. Und Lamborghini wanderte ebenfalls durch etliche Hände (darunter auch einmal Chrysler und der indonesische Präsidenten-Sohn Suharto) bevor Audi im Sommer 1998 die Herrschaft übernahm – und so eine der großen Exotenmarken vor dem Ende rettete.

Andere Hersteller mußten jedoch die Tore endgültig schließen: Facel-Vega und Iso-Rivolta, wo man bis 1973 mit dem Iso Grifo eines der besten, schönsten und zuverlässigsten Exoten-Coupés produzierte. Pleite ging schließlich auch Bizzarini mit seinem hinreißenden Stradale und die britische Firma Gordon-Keeble, deren von Bertone gezeichnetes und mit einem Corvette-Motor angetriebenes 2+2-Coupé heute ein gesuchtes Sammlerstück ist.

Direkt vom erfolgreichen Rennwagen war der BMW M 1
abgeleitet, dessen Mittelmotor 3,5 Liter Hubraum, vier Ventile
pro Zylinder und 277 PS Leistung bot.

Das Ölembargo und seine Folgen

Die dritte Generation des Audi 100 wurde im August 1982 vorgestellt und ging als Cw-Weltmeister (Cw = 0.29) in die Firmengeschichte ein.

So eigenartig es klingen mag: Das Ölembargo der Araber, das am 17. Oktober 1973 bewirkte, dass Erdölförderung und -lieferung stark gedrosselt wurden, war wohl das Beste, was den Produzenten hatte passieren können. Als sich Anfang November 73 ein Lieferboykott für Holland und die USA abzeichnete, wurde auch dem letzten Techniker klar, dass das Automobil neue Ansprüche erfüllen müsse.

› Wirtschaftlichkeit tut Not

Die Zielrichtung war definiert: Ökonomie war gefragt. Plötzlich bekamen die Windkanäle der einzelnen Firmen einen völlig neuen Stellenwert. Der Cw-Wert, der die aerodynamische Güte einer Karosserie zum Ausdruck bringt, wurde zum Imagefaktor. Während diese im Windkanal ermittelte dimensionslose Zahl in den 20er Jahren noch bei 0.8 lag, wurde sie bis 1978 auf 0.35 herabgesetzt. Und mittlerweile liegen viele Fahrzeuge sogar im Bereich um 0.30 herum – eines der ersten war dabei der 1983 zum *Auto des Jahres* gewählte Audi 100.

Die Formen wurden glatter, aerodynamische Hilfsmittel wie Front- und Heckspoiler schmückten nun auch biedere Mittelklasseautos und wurden zur ertragreichen Einnahmequelle für Tuner und Zubehörhändler.

Diese Spoiler, die zuerst für bessere Bodenhaftung bei den immer schneller werdenden Rennwagen der frühen 70er Jahre sorgten, wurden erstmals für Sportwagen von Porsche beim 911 Carrera RS eingesetzt. Mit seinem Bürzel auf dem Heck war er von 1972 bis 1975 der schnellste Porsche seiner Tage; der 2,7-Liter-Sechszylinder entwickelte 210 PS und erreichte die damals sensationelle Höchstgeschwindigkeit von 240 km/h. Da gab es nur noch einige Exoten aus Italien und England, die schneller waren (und dafür mindestens das Doppelte kosteten).

Von den Porsche-Ingenieuren wurden technisch fortschrittliche Details eben schon immer besonders gerne übernommen, und so war es nur eine Frage der Zeit, bis auch andere Hersteller die Vorteile dieser benzinsparenden Anbauteile erkannt hatten.

Neue Materialien sorgten für eine Reduzierung des Gewichts; der Kunststoff begann seinen Siegeszug. Wog der erste Opel Kadett des Jahres 1965 noch 1160 Kilogramm, so brachte der Kadett des Jahres 85 nur noch 830 Kilogramm auf die Waage – dass der Astra als legitimer Nachfolger heute wieder 1035 Kilogramm wiegt, ist hingegen auf das deutlich gestiegene Sicherheitsangebot zurückzuführen. Interessant sind auch ein paar weitere Vergleiche: Erreichte der alte Kadett mit seinem 1,1-Liter-Vierzylinder und 45 PS Leistung 125 km/h und verbrauchte dabei etwa zehn Liter Benzin auf 100 Kilometer, kam die 85-er Generation mit rund sieben Litern auf 100 Kilometer aus und erreichte dabei 155 km/h.

Heute kommt die Basisversion des Astra mit 1,2 Liter Hubraum und einem 16V-Vierzylinder stolze 48 kW oder 65 PS, erreicht 165 km/h und begnügt sich mit Verbrauchswerten zwischen sechs und acht Litern Treibstoff auf 100 Kilometern. Und dabei ist der Astra nicht nur schneller, sondern bietet auch bei Unfällen mit seinen serienmäßigen Airbags deutlich mehr Überlebenschancen – von dem weiter gestiegenen Komfort und seiner vernünftigeren Raumaufteilung und einer perfekten Rostvorsorge dank vollverzinkter Karosserie ganz zu schweigen.

› Unsafe at any speed?

Überhaupt entwickelte sich das Thema Sicherheit, nachdem es über Jahrzehnte hinweg praktisch nicht existent war, zu Beginn der 60er Jahre in nie erwartetem Ausmaß zu einem der essentiellen Bereiche, um welches kein Hersteller mehr herum kam. Auslöser dieser Entwicklung war der amerikanische Rechtsanwalt Ralph Nader, der damit berühmt wurde, das Angebot der Automobilindustrie auf seine Sicherheit hin zu untersuchen. Und nach seinen ersten Veröffentlichungen

Wie perfekt heute auch kleine Fahrzeuge den Gesetzen der Aerodynamik und des Leichtbaus gehorchen, zeigt der Opel Astra des Jahres 1997.

1965 war der Opel Kadett B das Maß der Dinge – und er bot für 5175 Mark reichlich Innenraum. 2.649.501 Exemplare wurden verkauft.

Mit dem Alfasud konstruierte Alfa Romeo eines der fortschrittlichsten Fahrzeuge seiner Zeit – doch die schlechte Fertigungsqualität, die das neue, bei Neapel aus dem Boden gestampfte Werk produzierte, ruinierte den Ruf auf Anhieb nachhaltig.

In der zweiten Generation des VW Scirocco sorgte von 1985 an der erste Motor mit Vierventil-Technik für 139 PS bei gleichzeitiger Verbrauchsreduzierung und besseren Abgasen.

wurde zunehmend auch der aktiven und passiven Sicherheit mehr Aufmerksamkeit geschenkt.

Naders Kritik hatte sich zuerst auf den Chevrolet Corvair beschränkt, eine Neukonstruktion der GM-Tochter mit einem Sechszylinder-Boxermotor im Heck und einer (vorsichtig ausgedrückt) etwas abenteuerlichen Straßenlage. Nachdem etliche Fahrzeuge dieser Baureihe größere Unfälle verursacht hatten, machte sich Nader daran, im Namen der Geschädigten den Giganten General Motors zu verklagen, weil die Firma dieses offensichtlich unsichere Auto zum Verkauf freigegeben hatte. Nader gewann – trotz des beeindruckenden Aufgebots an Rechtsanwälten der gegnerischen Seite – und führte damit bei den Amerikanern ein völlig neues Sicherheitsbewusstsein ein.

Der zweite Gegner war VW: Nader bescheinigte dem Käfer schlicht, dass er bei jeder Geschwindigkeit unsicher sei. Sein Buch *Unsafe at any speed* wurde zu einem riesigen Verkaufserfolg und brachte VW of North America an den Rand des Bankrotts. VW änderte daraufhin den Käfer in einigen Details, und der Verkauf konnte weitergehen. Von da an aber war die Sicherheitsfrage nicht mehr weg zu diskutieren – im Gegenteil: Sie wurde, einmal von der Industrie als Marketing-Instrument erkannt, sogar in den Image-Auftritt miteinbezogen.

Daimler-Benz hatte mit solchen Entwicklungen deutlich weniger Probleme: Hier hatte der 1907 geborene Österreicher Béla Barényi mit mehr als 2500 Patenten, die er allein oder in Zusammenarbeit mit Daimler-Benz entwickelte, den Grundstock für die Sicherheitsforschung gelegt. Barényi, der schon 1925 sein erstes Patent auf eine Sicherheitslenkung erteilt bekam, arbeitete ab 1939 fest angestellt bei Daimler-Benz und bekam vom damaligen Vorstandsvorsitzenden Prof. Werner Breitschwerdt bei seinem Ausscheiden im Jahr 1974 bescheinigt, dass „er mit seinen über 2500 Patenten auf dem Gebiet des Kraftfahrzeugs sogar den ingeniösen Thomas Alva Edison in den Schatten stellen würde".

Einige Patente von Béla Barényi zeigen, wie vielseitig dieser bis heute weitgehend unbekannte Erfinder war: Das Grundpatent 854157 für die Sicherheitskarosserie wurde 1952 erteilt und von der ganzen Konkurrenz in Anspruch genommen. Es enthielt die grundlegenden Gedanken zur Sicherheitszelle, zu den Knautschzonen und zum Flankenschutz. 1944 dachte er mit dem Patent 867201 über die Grundzüge eines reparaturfreundlichen Automobils nach, und das Patent 947048 schützte bereits 1954 das Sicherheitslenkrad mit Pralltopf und dem Lenkrad als schützender Abfangplatte. Dieser nur winzige Ausschnitt aus dem Schaffen von Barényi lässt ahnen, wie entscheidend sein Beitrag zur Sicherheit unserer Automobile ist.

› Geringstmöglicher Verbrauch bei bester Leistung

Die Autos wurden aber nicht nur leichter und dennoch sicherer, sie verbrauchten auch deutlich weniger Benzin. Das war teilweise der Benzineinspritzung zu verdanken, die – nachdem sich Gutbrod bereits 1952 damit beschäftigt hatte – nach der ersten Einführung im 300 SL und nach der ersten Großserie im Mercedes 220 SE immer populärer geworden war. Die in den Zylinder einzuführende Menge des Treibstoffs wurde genauer abgemessen und zu einem exakteren Zeitpunkt eingespritzt, als es die gröberen Vergaser bislang bewerkstelligen konnten.

Die stetig steigenden Verkaufszahlen führten auch zu einer Verbilligung der Einspritzanlagen – heute ist sie bei praktisch allen Fahrzeugen serienmäßig vorhanden. Zum Zweiten hatte die Einführung der Elektronik in den Motorenbau erstaunliche Resultate: Plötzlich konnten viele verschiedene Sensoren, die den momentanen Zustand des Motors in Bruchteilen von Sekunden registrieren, der Elektronik die Daten liefern, die sie in derselben Windeseile zur Steuerung von Benzinmenge, Einspritzzeitpunkt und Zündpunkt benötigt. Das Ergebnis: eine optimale Verbrennung und daraus resultierend der geringstmögliche Verbrauch bei bester Leistung. Eine Entwicklung, die durch die unglaublichen -– und früher kaum vorstellbaren – Fortschritte in der Computer-Technologie für eine Präzision in der Dosierung und beim Einspritzzeitpunkt sorgen, die die Verbrauchswerte gerade bei Mittelklasse-Fahrzeugen in den Bereich von sechs bis acht Litern auf 100 Kilometer getrieben haben. Und mit dem 3-Liter-Lupo hat sich Volkswagen sogar in den Bereich weit unterhalb der 5-Liter-Grenze bewegt.

In diesen Jahren begann sich die Elektronik in immer mehr Bereichen des Automobils auszubreiten: So überraschte die Ford-Werke AG unter ihrem charismatischen Vorstands-Vorsitzenden Daniel Goeudevaert im Sommer 1985 die Fachwelt und das Publikum gleichermaßen, als der neue Scorpio als erste Limousine der Welt serienmäßig ein Antiblockiersystem (ABS) mit auf den Weg bekam. Elegant und laufruhig, mit Motoren bis zu 2,8 Liter Hubraum und 150 PS Leistung, machte sich der Scorpio anschließend daran, bis zu seiner Produktionseinstellung Ende der 90er Jahre am Sockel der Stuttgarter und Münchner Konkurrenz zu rütteln.

Zugleich gewann in den vergangenen Jahren und Jahrzehnten aber auch das Thema Umweltschutz einen immer höheren Stellenwert. Der amerikanische Bundesstaat Kalifornien und die Japaner hatten bereits Jahre zuvor eine drastische Reduzierung der Schadstoffe in den Abgasen per Gesetz

Als Ferdinand Piëch Mitte der 90er Jahre zur Jahrtausendwende den Bau eines 3-Liter-Fahrzeugs ankündigte, schmunzelte die Fachwelt – heute steht der 3-Liter-Lupo bei den Händlern.

Ford war es 1985 mit dem Scorpio vorbehalten, die erste Serien-Limousine der Welt serienmäßig mit einem Anti-Blockier-System anzubieten – heute ist das ABS in praktisch allen Fahrzeugen serienmäßig.

Trotz aller modernen Fertigungstechnologien ist bei der Motorenmontage noch immer der Mensch als letzte Fertigungsinstanz unumgänglich – er bringt das Herz des Autos letztlich zum laufen.

eingeführt. Der Katalysator wurde problemlos serienreif gemacht und – nachdem in den Berichten der Forstämter von immer größeren Schäden in unseren Wäldern zu lesen war – auch bei uns immer stärker gefordert. Es sollte dann bis zum Beginn der 90er Jahre dauern, bis die Deutschen – teilweise gegen den erbitterten Widerstand einiger Hersteller – den Katalysator obligatorisch machten. Eine Diskussion, die heute kaum noch nachvollziehbar erscheint – die allerdings auch klar demonstrierte, dass der Umweltgedanke bei vielen der restlichen EU-Partner noch stark im Argen liegt. So hat es bis 1999 gedauert, bis sich auch die Engländer zum durchgängigen Verbot von bleihaltigem Treibstoff durchringen konnten. Und dass die Widerstände gegen deutsche Umwelt-Initiativen noch immer vorhanden sind, haben auch Länder wie Frankreich, Spanien und Italien mit ihren Gegeninitiativen und Blockaden bewiesen.

Die Zukunft setzt auf andere Konzepte: 1997 präsentierte Mercedes-Benz auf der Basis der A-Klasse einen Prototyp mit Brennstoffzellenantrieb, der Methanol als Treibstoff nutzt.

Wie der Quattro die Auto-Welt veränderte

Für den aufmerksamen Betrachter der Automobilszene zeigte sich ab 1980 ein erstaunliches Phänomen: Waren früher die kleinen, prestigeträchtigen Hersteller stets an der Spitze des Fortschritts gestanden, so besetzten nun immer mehr die Großserienfabrikanten diese Stelle. Heute, am Beginn des neuen Jahrtausends, überraschen die kleinen Produzenten nur noch selten: Die überproportional steigenden Entwicklungskosten, die immensen Investitionen, die für die Zulassung und Abstimmung der einzelnen Fahrzeuge für die verschiedenen Länder benötigt werden, und die immer schärfere Konkurrenz zwingen die einstigen Vertreter der Avantgarde immer öfter ins Hinterfeld.

Hätte man sich aber in den 70er Jahren vorstellen können, dass ausgerechnet Audi unter der Führung seines damaligen dynamischen Entwicklungschefs Ferdinand Piëch (einem Enkel von Ferdinand Porsche) den Allradantrieb salonfähig machen würde? Und dass es dem heutigen Vorstands-Vorsitzenden der Volkswagen AG glücken würde, die Marke mit den vier Ringen zu einem gleichberechtigten Partner neben Mercedes-Benz und BMW zu positionieren?

› Der lange Weg zum Allradantrieb

Mitte der 70er Jahre hatte Ferdinand Piëch tatsächlich damit begonnen, den Ruf und das Image von Audi auf den Kopf zu stellen. Piëch hatte seinen Job bei Audi bereits 1972 angetreten – doch von 1980 an überrollte er die Konkurrenz mit einer technischen Innovation nach der anderen.

Der März des Jahres 1980 nimmt in der automobilen Geschichte einen besonderen Rang ein, denn hier präsentierten die Ingolstädter auf dem Genfer Automobilsalon den ersten Quattro – später auch liebevoll Ur-Quattro genannt. Natürlich gab es schon in der Frühzeit des Automobils den logischen Gedankengang, dass ein mit allen Rädern angetriebener Wagen Traktionsvorteile haben müsse. Einer der ersten Protagonisten dieser Technologie war Piëchs Großvater

Der seltenste und teuerste Audi Quattro aller Zeiten: Von dem 306 PS starken Sport-Quattro entstanden exakt 214 Exemplare.

Im März 1980 feierte der Audi Quattro mit seinen pausbäckigen Kotflügelverbreiterungen auf dem Genfer Autosalon Weltpremiere – die Leistung: exakt 200 PS.

Der VW Iltis entstand in etwa 12.000 Exemplaren für die Bundeswehr – und von seiner Technik lernte Audi manches für die Entwicklung des Quattro-Antriebs.

Mit dem „Ur"-Quattro schrieb Audi 1980 ein neues Kapitel der Technik-Geschichte – von diesem Tag an hatte sich auch die Konkurrenz mit dem Allradantrieb auseinander zu setzen.

Ferdinand Porsche gewesen, dessen Lohner-Wagen aus dem Jahr 1900 bereits über vier Radnaben-Motoren verfügte. Von da an führte der Allrad-Weg über den niederländischen Spijker (1903) und unzählige andere Varianten hin zum Quattro. Natürlich wollen wir hier auch nicht den Kommandeurs-Käfer, den Bugatti Typ 53 oder den Jensen Interceptor FF unterschlagen – wir wollen auch nicht die unzähligen Militärvehikel vergessen: den Jeep und all seine Epigonen, die Militär-LKWs oder den Citroën 2 CV Sahara, dessen Allradantrieb in der genialen (weil schlichten) Montage von zwei Zweizylinder-Triebwerken in Front und Heck bestand.

Kurz gesagt: Es hatten sich schon etliche Ingenieure mit dem Allradantrieb auseinandergesetzt – doch Ferdinand Piëch hatte ihn auch durchgesetzt. Mit einem 2,2-Liter-Fünfzylinder mit Turbolader und 200 PS (147 kW) Leistung – und dem ominösen Allradantrieb, der nur wenige Monate später mit seinem Siegeszug bei der Rallye-Weltmeisterschaft die Konkurrenz nicht länger ruhen ließ, bis auch sie sich dieser Technik bei ihren eigenen Fahrzeugen bemächtigt hatten.

› Vom Iltis lernen

Dass der Quattro tatsächlich Realität wurde, hatte letztlich gesehen zwei Gründe: Einerseits war Ferdinand Piëch bekennender Frontantriebs-Fan – und da seine Audi-Modellreihe immer mehr Zylinder und immer mehr Leistung bekam, ergab sich irgendwann auch einmal die Frage, ob der Frontantrieb eines Tages an seine (leistungsmäßigen) Grenzen stoßen würde. Andererseits hatte Audi eine Auftragsarbeit der Bundeswehr erhalten, sich doch einmal um die Vorausentwicklung eines vierradgetriebenen Geländewagens zu kümmern. Klar, dass sich dabei auch der Gedanke verdichtete, die beiden Themen eines Tages miteinander zu verknüpfen.

Da es nicht bei dem Bau von zehn Prototypen für die Bundeswehr blieb, sondern etwa 12.000 Fahrzeuge unter dem Namen Iltis entstanden, hatte Audi natürlich einiges für die Realisierung eines möglichen Allradwagens für die Straße gelernt. Zwar war die Iltis-Lösung relativ einfach und von dem technischen Layout des Fahrzeugs begünstigt – hier lag der Motor längs über der Vorderachse und das Getriebe direkt hinter dem Vorderachsdifferential, so dass nur die Antriebswelle als Kardanwelle zum hinteren Differential verlängert werden musste –, doch das technische Grundmuster bot sich als Basis der Quattro-Entwicklung durchaus an. Und es gab noch einen weiteren Unterschied: Beim Iltis konnte der Antrieb der Vorderräder über eine Klauenkupplung hinter dem Getriebe zu- oder abgeschaltet werden.

Die Idee der Weiterentwicklung verdichtete sich dann auf einer Winterfahrt des Jahres 1977, als der 75 PS starke Iltis mit den bis zu 200 PS starken frontgetriebenen Limousinen-Prototypen nicht nur mithalten, sondern ihnen teilweise sogar davonfahren konnte. Das ließ natürlich einige Techniker nicht ruhen, und so nahm der Quattro langsam Gestalt an. Piëch und seinen Ingenieuren hatte von Anfang an der Gedanke gefallen, einen 200 PS starken GT-Wagen auf die Räder zu stellen, der auch bei der Rallye-WM zum Einsatz kommen sollte – um dem Ruf von Audi als Brutstätte moderner Technologie zu dienen. Dass es sich dabei (im Gegensatz zu den relativ langsamen Geländefahrzeugen) um einen schnelllaufenden Sportwagen handeln würde, war bei der Entwicklung des EA 262 (so die interne Projektbezeichnung) natürlich der besondere Reiz.

› Die Lösung des Problems

Allerdings hatten die Entscheidungsträger in Wolfsburg (Audi war als VW-Tochter ja immer auf den Goodwill der Mutter angewiesen) moniert, dass sich die Vorder- und die Hinterräder bei enger Kurvenfahrt gegeneinander versperrten. Nach einigen Irrungen und Wirrungen fand dann Franz Tengler, damals Abteilungsleiter in der Getriebekonstruktion, die Lösung des Problems. Um seinen Geniestreich besser zu verstehen, sollte man wissen, dass bei einem permanenten Allradantrieb die Vorderachse bei der Kurvenfahrt stets einen größeren Radius als die Hinterachse fährt. Also müssen sich die Vorderräder auch schneller als die der Hinterachse drehen können – ansonsten versperrt sich die Kraftübertragung zwischen den Achsen, was nicht nur zu Material- und Reifenverschleiß führt, sondern auch den Benzinverbrauch deutlich anhebt.

Also musste ein Ausgleichsgetriebe her, das die unterschiedlichen Laufgeschwindigkeiten der beiden Achsen koordiniert – nun hatte der Quattro den Motor vor der Vorderachse montiert, was den Antrieb der Hinterachse sehr einfach gestaltete: Hier musste nur die Abtriebswelle des Getriebes nach hinten verlängert und per Kardanwelle mit der neuen hinteren Antriebsachse verbunden werden. Der Trick von Franz Tengler bestand nun darin, dass die Abtriebswelle, die zum Verteilergetriebe (das die Leistungsabgabe zwischen Vorder- und Hinterachse definierte) als Hohlwelle konstruiert wurde. Sie nahm auch den Käfig des Verteilergetriebes auf – wobei die Planetenräder dieses Mitteldifferentials die vordere und die hintere Antriebswelle mitnahmen. Und während die hintere Welle zur Hinterachse führte, wurde die vordere Welle durch die hohle Welle zum Ritzel des Vorderradantriebs geführt.

20 Jahre nach seinem Produktionsende wird der „Ur"-Quattro derzeit als Klassiker wiederentdeckt – und die Sammler beginnen zu ahnen, dass man diesen technischen Meilenstein besitzen sollte.

Der Quattro revolutionierte auch den Rallye-Sport – durch den permanenten Allradantrieb eroberte sich dieser Wagen bis dato unbekannte Geschwindigkeitsdimensionen. Hier Walter Röhrl und Christian Geistdörfer 1984 bei der „Rallye San Remo".

Michèle Mouton bildete zusammen mit ihrer Beifahrerin Fabricia Pons das einzige weibliche Team, das jemals einen Rallye-WM-Lauf gewinnen konnte.

Am schnellsten lernte Peugeot: Der 205 Turbo 16 hatte einen Mittelmotor mit Vierventiltechnik und Turbolader sowie einen variablen Allradantrieb – und er sollte viele Rennen und Titel gewinnen.

Um mit den hochspezialisierten Peugeot- und Lancia-Modellen mithalten zu können, schuf Audi den „kurzen" Sport-Quattro, der in der Rennversion deutlich über 500 PS leistete.

Damit war der Geniestreich geglückt: Es gab ein Verteilergetriebe im Antriebsstrang, das die Leistung flexibel an Vorder- und Hinterachse abgeben konnte – und der starren 50 zu 50-Verteilung ein Ende gesetzt hatte.

› Audi dominiert den Rallye-Sport

Nach diesem Durchbruch fiel es Ferdinand Piëch nicht weiter schwer, den Konzern davon zu überzeugen, die 400 Exemplare zu bauen, die das Reglement damals für den Einsatz des Quattro bei der Rallye-WM forderte – damit, dass es letztlich viel mehr Fahrzeuge werden sollten, hatte allerdings niemand gerechnet. Und wie sehr der Quattro bei den Läufen zur Rallye-WM einschlagen sollte, konnten sich damals auch wahrscheinlich nur die wenigsten in ihren kühnsten Träumen vorstellen. Als erster wurde der finnische Rallye-Profi Hannu Mikkola überzeugt, der nach einer ersten Probefahrt auf Schotter sofort einen Fahrer-Vertrag unterschrieb. Im Laufe der nächsten Jahre stieg dann die Leistung der Rallye-Fahrzeuge auf bis zu 370 PS, und neben Mikkola kamen noch Michèle Mouton, Walter Röhrl und Stig Blomqvist ins Team.

Wie sehr die Konkurrenz vom Quattro überrascht war, zeigte sich an einigen sehr schönen Sprüchen – so sagte der damalige Lancia-Rennchef Cesare Fiorio über das Ingolstädter Geschoss: „Das ist das Auto, das wir vergessen haben zu bauen", während der Renault-Werkspilot Bruno Saby äußerte: „Auf den bisherigen Prüfungen brauchte man eine Sanduhr, um die Zeitunterschiede zwischen Audi und der Konkurrenz zu messen – mit dem Quattro genügt künftig ein Kalender". Und so wurden haufenweise Siege und WM-Titel erobert.

Natürlich lernte die Konkurrenz rasch, dass man auf Allradantrieb nicht mehr verzichten konnte, und so musste Audi bis zum Frühjahr 1984 mindestens 200 neue Fahrzeuge des Sport Quattro bauen, damit es weiter Siege zu feiern gab. Der „kurze" Quattro, von dem exakt 214 Exemplare entstanden, hatte in seiner um 30 Zentimeter verkürzten Karosserie einen auf 306 PS leistungsgesteigerten Motor, der mit dem auf 1300 Kilogramm erleichterten Wagen nur wenig Probleme hatte: Nach 5,1 Sekunden erreichte er bereits Tempo 100. Natürlich konnten es die Rennwagen noch besser – sie wogen nur 1100 Kilogramm und hatten in ihren stärksten Versionen deutlich über 500 PS. Doch diese Gruppe B-Fahrzeuge (das Sportreglement lief in dieser Kategorie unter dieser Bezeichnung) standen unter keinem guten Stern: Die Fahrzeuge wurden so abenteuerlich schnell, dass es nur noch wenige Piloten gab, die sie wirklich beherrschten – und als zuerst ein Ford RS 200 in Portugal in die Zuschauermenge fuhr, und anschließend der Finne Henry Toivonen mit dem Lancia Delta S4 tödlich verunglückte, zog die oberste Motorsportbehörde die Gruppe B-Fahrzeuge sofort außer Verkehr.

› Die Konkurrenz zieht nach

Die Quattro-Idee wurde aber im Laufe der Jahre in das gesamte Audi-Modell-Programm eingepflanzt – und auch im Rest des VW-Konzerns gibt es bereits reichlich Allrad-Varianten. Der Ur-Quattro selbst bekam dann noch 1989 einen auf 220 PS verstärkten Motor mit Vierventilköpfen, bevor man die Produktion dann 1991 nach insgesamt 11.346 Exemplaren einstellte. Dass der – durch seine Kotflügelverbreiterungen -– stets etwas pausbäckig wirkende Ur-Quattro Technikgeschichte geschrieben hat, steht heute außer Frage. Er mag zwar nicht der erste schnelllaufende Sportwagen mit Allradantrieb gewesen sein, doch er war der Erste, der wirklich Erfolg hatte und dessen Technik sich in die Großserie transponieren ließ. Nicht zuletzt deshalb ist sein Name auch zum Synonym für den permanenten Allradantrieb geworden.

Und er war auch der Auslöser einer Vielfalt weiterer Modelle, mit denen die Konkurrenz auf den Quattro reagieren musste – und so kamen in den nächsten Jahren praktisch alle Hersteller von BMW (iX-Modelle) über Mercedes-Benz (4matic) bis hin zu Ford (4x4-Modelle) und Porsche (Carrera 4) nicht mehr darum herum, ihre ganz persönliche Form des Allradantriebs zu entwickeln. Und natürlich hat es sich Ferdinand Piëch bei seinem Umzug nach Wolfsburg nicht nehmen lassen, auch im VW-Konzern für eine noch stärkere Verbreitung des syncro oder 4motion – wie die VW-Typbezeichnung lautet – durchzusetzen.

Im Laufe der Zeit brachten dann auch andere Anbieter den Allradantrieb in ihr Modellprogramm – hier der BMW 325iX, der mit 171 PS Leistung 212 km/h erreichte.

Bei Porsche trägt die Allradversion stets die Bezeichnung Carrera 4 – wobei die „4" für die vier angetriebenen Räder steht. Hier der erste Carrera 4 von 1989 auf der Basis der damals neuen 964-Baureihe.

Faszinierende Zeiten – nun baut die ganze Welt Autos

Mit dem MX-5, dessen Siegeszug 1989 begann und bis heute anhält, schuf Mazda einen überaus erfolgreichen Roadster.

Ein 1,8-Liter-Motor mit 140 PS verschafft dem Toyota MR2 die nötige Power, wie sie der sportliche Fahrer liebt.

Überhaupt waren die späten 80er und die 90er Jahre eine faszinierende Zeit für die Techniker rund um den Globus – von dem Wissen um nur begrenzt verfügbare Ressourcen bei einer parallel dazu steigenden Käuferschar getrieben, entwickelte die Automobilindustrie einen nie erwarteten Innovationsschub. Plötzlich wurde der – bislang doch eher auf Europa und die USA schielenden – Industrie klar, dass die gesamte Welt auf die Individuellste aller Beförderungsmethoden wartete. Ganz Südamerika geriet nun in das Augenfeld der großen Konzerne, während sich zugleich auch die ersten Konzerne daran machten, den asiatischen Raum intensiver zu bearbeiten – und so fanden auch die ersten Gespräche mit China statt. Klar, dass hier zuerst die Japaner ihre enge Anbindung an den riesigen, noch unerschlossenen asiatischen Kontinent nutzten – doch rasch folgten die Amerikaner und Europäer, allen voran der VW-Konzern.

› Die japanische Offensive

Dies war aber auch die Zeit, in der zuerst die Japaner – und dann anschließend die Koreaner – den Rest der autoproduzierenden Länder mit einer nie erwarteten Offensive erschreckten und beunruhigten. Zwar hatte die japanische Autoindustrie ihre Produktion bereits vor dem Zweiten Weltkrieg – zumeist auf der Basis amerikanischer Lizenzen – aufgenommen, doch in den 70er Jahren hatte sie damit begonnen, den Rest der Welt mit einer Exportoffensive zu überraschen. Die japanischen Autobauer hatten diesen Überraschungsangriff über die Westküste der USA in Angriff genommen. Der Grund dafür war klar: Kanada und Kalifornien lagen einfach auf der anderen Seite eines großen Meeres – und sie waren damit vergleichsweise günstig zu erreichen. Man musste die Autos einfach in Japan in ein Schiff laden, und auf der anderen Seite des Pazifiks entladen – um an die amerikanische Ostküste oder gar nach Europa zu gelangen, hätte man quer über den Indischen Ozean und dann noch anschließend über den Atlantik gelangen müssen. Kein Wunder, dass man sich zunächst auf Kalifornien und Kanada konzentrierte – schließlich lag dieser Markt auch für die Europäer auf der anderen Seite der Erdkugel.

Wie so oft, wenn man noch über keine außergewöhnliche Technik und attraktive Optik verfügt, boten die Japaner zuerst *Value for Money* an – also viel Auto (und viel Zuverlässigkeit) für wenig Kaufpreis. Eine Taktik, die sich hervorragend bewährte: Rasch hatte es sich bei den Käufern herumgesprochen, dass die japanischen Fahrzeuge vielleicht keine großen Beauties waren, doch andererseits nahezu unzerstörbar und belastbar. Und so bildete sich rasch eine treue Gemeinde von Besitzern japanischer Automobile.

› Honda gibt Gas

Einer der ersten, der die japanischen Inseln verließ, um seine Produkte weltweit anzubieten, war Soichiro Honda. Der Selfmade-Ingenieur gründete bereits 1959 – also nur elf Jahre nach der Gründung der Honda Motor Comp. – die American Honda Motor Company. Dort baute er rasch den Vertrieb seiner Motorräder auf, und spätestens, nachdem die Beach Boys mit ihrem Lied *Little Honda* für ihn eine (kostenlose) phantastische Werbung gemacht hatten, galt Honda nahezu als amerikanisches Unternehmen. Parallel zu dem Auftritt an der amerikanischen Westküste hatte Honda allerdings auch rechtzeitig die Bedeutung des Motorsports erkannt und von 1959 an bei den großen Motorradrennen teilgenommen – und von 1961 an nahezu unzählige Rennen und Weltmeister-Titel gewonnen. Als erster Weltmeister trug sich der legendäre Mike Hailwood in das Honda-Ehrenbuch ein – und 1966 gewann die japanische Marke gleich alle fünf Soloklassen. Zu welch außergewöhnlichen Leistungen das Team um den späteren Honda-Vorstandsvorsitzenden Nobuhiko Kawamoto fähig war, soll nur ein Beispiel beweisen: die RC 149 von 1966, mit der Luigi Taveri den WM-Titel in der 125 ccm-Klasse holte.

Der 1906 geborene Soichiro Honda war von frühester Jugend an von Motoren fasziniert – er sollte von 1948 an einen Weltkonzern aufbauen.

Mit dem Civic – hier die Version aus dem Jahr 1984 – erwarb sich Honda auch in Europa Renommee. Bei der Wahl zum europäischen Auto des Jahres 1985 errang der Civic als bester Japaner Platz vier.

Der Honda HR-V ist ein Mittelding zwischen Kombi und Coupé, bei dem sich bei schlechten Weg- und Straßenverhältnissen – zusätzlich zum Frontantrieb – automatisch ein Hinterradantrieb zuschaltet.

Nobuhiko Kawamoto war von 1992 bis 1999 als Honda-Vorstandsvorsitzender der Nachfolger von Soichiro Honda – und er sorgte als treibende Kraft hinter dem Formel-1-Engagement für das sportliche Image des Hauses.

Für ihn hatte Honda ein Triebwerk mit fünf Zylindern und Vier-Ventil-Technik gebaut, das bei 20.500/min nicht weniger als 34 PS leistete und bei 19.300/min 12 Nm Drehmoment bereitstellte.

Das erste Auto war im Herbst 1962 zu sehen, als Honda das S 360 Cabriolet präsentierte, dessen kleiner Vierzylinder bei 9000/min stolze 33 PS leistete – noch waren die kleinen, hochdrehenden Motoren eng an die Kollegen aus der Motorradabteilung angelehnt. 1966 kam Honda dann mit dem S 800 Coupé und Cabriolet erstmals nach Europa, und das 67 PS starke Gefährt begeisterte mit seiner außergewöhnlichen Technik auf Anhieb alle Technik-Interessierten – so schrieb *auto, motor und sport*: „Spätestens beim Öffnen der Motorhaube wird deutlich, womit man Autofans begeistern und die Konkurrenz erschrecken kann. Der Honda zeigt, wie ein moderner kleiner Motor nach dem heutigen Stand der Technik aussehen kann."

Honda ging dann auch rasch in die Formel 1, wo John Surtees 1967 den Großen Preis von Monza gewann – doch die ganz große Zeit kam dann erst Mitte der 80er Jahre, als die Triebwerke aus Japan bei Williams und bei McLaren Fahrern wie Keke Rosberg, Nigel Mansell, Nelson Piquet, Alain Prost, Gerhard Berger und Ayrton Senna bis 1992 Siege über Siege und Titel über Titel einfuhren.

Dass Honda eine weltweit agierende Marke ist, ist aber auch auf den stetigen Drang nach Expansion zurückzuführen: 1969 wurde die erste Tochtergesellschaft in Kanada gegründet, 1978 sollte dann Honda of America folgen (und von 1982 an wurde in Ohio auch der Accord gebaut), während der Schritt nach Europa dann 1986 kam, als man zusammen mit Rover die gemeinsame Entwicklung und den Bau von Fahrzeugen beschloss. Ein Weg, dem später auch Nissan mit einem Werk in England folgen sollte. Wie deutlich sich Honda heute als Weltkonzern sieht, zeigt sich auch an der Tatsache, dass die in den USA produzierten Gefährte als eigenständige Modelle unter dem Namen Acura angeboten und vertrieben werden.

› Keiretsus: Die Struktur der japanischen Industrie

Keine Frage, die 80er Jahre waren das Jahrzehnt der Japaner, die mit ihren rund um die Welt Erfolge feiern konnten – eine Entwicklung, die natürlich von anderen asiatischen Staaten mit Interesse verfolgt wurde. Doch zuerst begannen die Japaner, den Rest der automobilen Welt zu erschrecken – zwar hatte die japanische Autoindustrie (mit der massiven Unterstützung amerikanischer Hersteller) bereits vor dem Zweiten Weltkrieg damit begonnen, Automobile zu bauen, doch der große Sprung nach vorne in die Weltelite gelang dann erst in den 70er Jahren.

Von wenigen Ausnahmen abgesehen – so beispielsweise Honda – entwickelten sich alle japanischen Hersteller aus großen Mischkonzernen, riesigen Industriekonglomeraten, die gegen Ende des 19. Jahrhunderts zumeist mit dem Handel landwirtschaftlicher Produkte begannen. Als dann die Industrialisierung ihren Lauf nahm, engagierten sich diese Firmen in der Fertigung von Maschinen und deren Vertrieb. Daraus resultierten wiederum große Handelshäuser, denen bald eigene Banken angeschlossen wurden. Letztlich existierten in Japan einige milliardenschwere Unternehmen, die die gesamte Wertschöpfungskette von der Produktion industrieller Produkte über die Finanzierung und den Vertrieb bis hin zu eigenen Warenhausketten im eigenen Besitz hatten.

Nach 1945 hat sich die japanische Automobilindustrie nach einer ganz bestimmten Schematik strukturiert: Es entstanden Gruppierungen, die man in Japan *Keiretsus* nennt. Diese sind horizontal gegliedert und umfassen meist ein Handelsunternehmen oder eine Bank, ein oder zwei Versicherungen sowie einen Fertigungsbetrieb. Dieser wiederum ist vertikal in Bereiche aufgeteilt und kann Stahlerzeuger oder Gießereien ebenso umfassen wie eine Reihe von Zuliefer- oder Transportfirmen, in manchen Fällen auch Beteiligungen an Fertigungs- oder Dienstleistungsbetrieben der Konkurrenz. Aktienbesitz auf Gegenseitigkeit und die Besetzung der Vorstände und Aufsichtsräte gemäß der horizontalen Struktur verknüpft die Interessen aller Beteiligten in einem Maß, das Macht und Möglichkeiten des Einzelnen im Innenverhältnis absolut transparent macht.

Eine möglichst weitgreifende Produkt-Diversifikation war stets das Ziel der Keiretsus-Männer, und so kam die Nissan Gruppe beispielsweise zu einer Tochtergesellschaft, die Raketen herstellte und Fuji Heavy Industries zu einer Abteilung für Raumfahrt. Toyota baut neben Autos Fertighäuser und Gabelstapler, Mazda verdient viel Geld mit Werkzeugmaschinen.

› Japanische Pioniere: Mitsubishi, Datsun, Nissan

Der erste japanische Konzern, der sich auch mit dem Auto beschäftigte, war zweifellos Mitsubishi. Sein Gründer war Yataro Iwasaki, der gegen 1860 mit dem Import und Export chinesischer und indischer Waren begann, um dann 1870 drei

Die fünftürige Nissan Primera 2,0 Sport-Limousine erreicht mit ihrem Vierzylindermotor und 140 PS eine Höchstgeschwindigkeit von 210 km/h.

Der Nissan Patrol wirkt wuchtig und kraftvoll – Stärken, die das Fahrzeug besonders abseits der Straßen ausspielen kann.

Seit 1981 ist Mitsubishi mit dem Pajero einer der erfolgreichsten Geländewagenproduzenten – hier die neueste Generation des Jahres 1999.

eigene Schiffe zu kaufen. Mit ihnen wollte er den Warentransport schneller und zuverlässiger abwickeln – und dabei war er derart erfolgreich, dass er nur wenige Jahre später bereits eine Reederei mit mehr als 30 Schiffen besaß. 1917 sollte dann das erste japanische Automobil bei Mitsubishi vom Band laufen – und heute sind die Fahrzeuge (darunter auch die besonders bei Wüstenrallies erfolgreichen Geländewagen vom Typ Pajero) in aller Welt bekannt.

Nur wenige Jahre später kam dann zu Beginn der zwanziger Jahre die Marke Datsun auf den Markt, die in ihren ersten Jahren unter dem Namen *Datson* produzierte. 1932 begann man bei diesem Unternehmen mit dem Bau eines Kleinwagens, der sich zwar konzeptionell eng an den klassischen Austin Seven anlehnte, aber dennoch derart viele eigenständige Lösungen besaß, dass Herbert Austin (nachdem er ein Nissan-Fahrzeug zerlegt hatte) nie mehr den Vorwurf des Plagiats benützte. Am 26. Dezember 1934 wurde dann die Nissan Motor Company gegründet, die ihrerseits drei Jahre später mit der Hitachi-Gruppe fusionierte. Es sollte aber bis etwa 1975 dauern, bis die Automobile des Nissan-Konzerns nicht mehr unter dem Label Datsun, sondern als Nissan angeboten wurden. 1966 gab es dann noch den Zusammenschluss mit der etwas schwächlichen Prince Motors Ltd. – heute produziert der Konzern in den USA und Europa erfolgreich Modelle, wobei die US-Luxusmodelle unter dem Label Infinity angeboten werden. Besonders berühmt wurde jedoch der von dem deutschen Designer Albrecht Graf Goertz gezeichnete Datsun 240 Z, der als der erfolgreichste Sportwagen aller Zeiten in die Geschichte einging.

Wie so viele andere japanische Hersteller kam auch Nissan Ende der 90er Jahre in finanzielle Schwierigkeiten, die nicht zuletzt aus beachtliche Überkapazitäten bei einem parallel dazu schwachen Inlandsmarkt resultierten. So ging man dann im März 1999 eine weltweite Allianz mit dem französischen Hersteller Renault ein.

› Toyota wächst und wächst

Ein weiterer früher Pionier war die Marke Toyota, die – als neuer Zweig einer großen Spinnerei- und Webstuhlfabrik gegründet – bereits 1937 mit dem Bau von Automobilen begann. Heute ist das Unternehmen der größte Automobilhersteller Japans, der mit seiner Corolla eines der erfolgreichsten Fahrzeuge aller Zeiten produziert. Zu dieser Marke gehört heute auch die Firma Daihatsu, die sich mehr mit Kleinwagen, Mittelklasse-Limousinen bis 2 Liter Hubraum und kleinen Geländewagen beschäftigt.

Wie so viele andere japanische Unternehmen beschloss Toyota 1988, sich ein Edel-Label für die USA zuzulegen, damit die Top-Modelle mit einer eigenen Vertriebsschiene an eine eher statusbewusste Klientel verkauft werden konnte. Im Falle von Toyota war und ist dies die Marke Lexus, die in den Vereinigten Staaten durchaus als Konkurrenz zu Mercedes-Benz oder BMW gesehen wird – in Europa allerdings bislang noch nicht den Erfolg melden konnte, den die qualitativ hochwertigen Fahrzeuge durchaus verdient hätten. Vielleicht ist es die noch immer ungebrochene Markentreue der Europäer, die es den Lexus-Verkäufern das Leben noch so schwer macht.

Doch unabhängig von diesen Problemen konnte Toyota zwischen dem ersten, 1963 in Dänemark ausgelieferten Automobil und dem heutigen Tag nicht weniger als zehn Millionen Fahrzeuge in Europa absetzen – wobei das zehnmillionste Exemplar, ein dunkelblauer Avensis Combi an einen Kunden in Dresden ausgeliefert wurde.

› Grenzenlose Vielfalt: Von Mazda bis Suzuki

Die Marke Mazda entwickelte sich hingegen erst nach dem Zweiten Weltkrieg – dahinter steckte der Toyo Kogyo-Konzern, der eine Marktlücke im Bau von Kleinstlastwagen erkannte. Zwar hatte man bereits 1934 einen ersten Prototypen eines kleinen Personenwagens gezeichnet und ihn 1940 auch gebaut – doch es sollte bis 1960 dauern, als sich das in Hiroshima beheimatete Unternehmen an den Bau eines nur 380 Kilogramm schweren Kleinwagens mit einem 360 ccm großen luftgekühlten Zweizylindermotor aus Aluminium wagte. Damit war der Schritt zur Automobilproduktion gelungen, denn bereits am 23. Mai – dem ersten Verkaufstag – waren 4500 Verkaufsverträge unterschrieben.

Besonders berühmt wurde Mazda jedoch mit seinen Wankelmotoren – denn es war das einzige Unternehmen, dass von 1968 an (und bis heute mit dem RX-7 mit 280 PS Leistung) konsequent auf die Produktion und die Weiterentwicklung von Wankelfahrzeugen setzt. Eine Entwicklung, die übrigens auch zu einem Sieg bei den berühmten 24 Stunden von Le Mans geführt hat: Am 23. Juni 1991 durcheilte ein Mazda 787B mit den Fahrern Weidler, Herbert und Gachot nach 362 Runden mit zwei Runden Vorsprung vor einem Jaguar das Ziel.

Und ein weiterer Bestseller ist bis heute der kleine MX 5 Miata, der seit dem Februar 1989 zu den bestverkauften Roadstern weltweit gehört. Doch auch Mazda gehört heute – nachdem der US-Konzern General Motors über lange Jahre hinweg bereits mit 25 Prozent an Mazda beteiligt war – mehrheitlich den Amerikanern.

Mit dem Toyota Celica
des Modelljahres 2000
stellte der japanische
Autobauer ein
eigenwilliges
Sportcoupé vor.

Beliebt in aller Welt:
Der Toyota LandCruiser
gehört zu den
leistungsstärksten
Geländewagen.
Der 4,7 V8 leistet
235 PS.

Bis zum heutigen Tag setzt Mazda auf Fahrzeuge mit Wankelmotor – hier ein RX-7 aus dem Jahr 1992.

Mit dem Geländewagen „Jimny" überzeugte der Motorradbauer Suzuki auch als Autoproduzent. Optisch gleicht der kleine Off-Roader in Manchem dem US-Jeep.

Der KIA Carnival wurde als Freizeitfahrzeug für Familien konzipiert. Angetrieben wird die Großraumlimousine wahlweise von einem 2,5 Liter großen V6-Motor mit 165 PS oder einem 2,9-Liter-Turbodiesel mit 126 PS.

Weitere kleine japanische Produzenten sind noch Isuzu, wo man in enger Kooperation mit General Motors Geländewagen produziert, sowie das Haus Subaru, das 1958 mit einem eiförmigen Minicar in das Automobilgeschäft eingestiegen war. In den 70er Jahren wurden bei Subaru dann auch viele Datsun Sunny-Modelle in Lizenz gebaut, bevor man sich an die Entwicklung eigener Modellreihen machte – heute gibt es vom Vivio-Kleinwagen über die auch im Rallye-Sport sehr erfolgreichen Impreza-Modelle und den Legacy bis hin zum Forester ein komplettes Angebot. Interessant sind bei Suzuki vor allem die 2-Liter-Boxermotoren der Limousinen sowie die Tatsache, dass man hier in allen Baureihen einen Allradantrieb anbietet.

Der bekannte Motorradproduzent Suzuki wagte sich erst 1970 an den Bau eines ersten Kleinwagens – heute entstehen in Hamamatsu hauptsächlich Kleinwagen und die äußerst beliebten kleinen Geländefahrzeuge wie der Jimny und der Grand Vitara.

› Die gelehrigsten Schüler: die Koreaner

Natürlich erkannten auch die anderen asiatischen Staaten die Zeichen der Zeit – und begannen von den 70er Jahren an ebenfalls in den Automobilmarkt zu drängen. Die gelehrigsten Schüler waren dabei zweifellos die Koreaner, die – zuerst mit der Unterstützung der Japaner – rasch eine eigene Autoindustrie aufbauten. Innerhalb weniger Jahre eroberten sich Marken wie Daewoo, Kia (gehört zu Hyundai und verwendet viele Mazda-Teile) oder Hyundai in Asien hohe Marktanteile. Eine Entwicklung, an der jedoch auch der koreanische Staat mit extrem hohen Einfuhrsteuern und einer massiven Entlastung der eigenen Industrie beitrug.

Rasch entstanden in Korea – wie in Japan – auf der Basis großer Industriekonglomerate, den sogenannten Chaebols, riesige Produktionskapazitäten, die alle Welt mit preisgünstigen Fahrzeugen eindecken wollten. Ein Plan, der jedoch einstweilen, wegen der weltweiten Rezession, nicht zu dem von den Koreanern gewünschten Ende führen wird. Da die Mutterfirmen (um des Fortschritts wegen) nahezu ungehindert Schulden machen konnten, sind viele Autofirmen heute derart verschuldet, dass sie zur Versteigerung anstehen.

› Malaysia und China drängen auf den Markt

Den Weg zur eigenen imageträchtigen Automobilproduktion ist auch der Staat Malaysia gegangen, der – mit Lizenzen von

Mitsubishi und Citroën – seine eigenen Proton-Fahrzeuge herstellt. Es bleibt die Frage, ob die westliche Welt wirklich noch auf einen weiteren Produzenten preisgünstiger Fahrzeuge wartet, oder ob die Bewohner Europas – im Zeichen großer Überkapazitäten der eigenen Hersteller – nicht doch verstärkt auf einheimische Produkte zurückgreifen.

Dann zeichnete es sich am Horizont ab, dass auch die Chinesen daran dachten, ihrer Bevölkerung den Weg zur Massenmobilität zu ebnen. Die chinesische Regierung näherte sich diesem Thema jedoch anders und lud Hersteller aus aller Welt ein, direkt mit ihr eine Form der Zusammenarbeit zu finden, bei der der chinesische Staat immer das letzte Wort hat.

Eine der ersten Firmen, die dem Ruf folgte, war Volkswagen mit einem Werk in Shanghai: Bereits 1985 wurde die Shanghai Volkswagen Comp. Ltd. gegründet, an der Volkswagen 50 Prozent hielt, und die den Wolfsburgern zu einem Anteil von mehr als 60 Prozent an der gesamten chinesischen Fahrzeugproduktion verhalf. Im Laufe der Jahre wurden dann in China die Modelle Santana, Jetta und der Audi 200 gefertigt – 1996 folgte der Passat. Nicht weniger als 100.000 Fahrzeuge plant VW jährlich in dem Riesenreich China zu produzieren.

Wenn man die Euphorie der Japaner, Koreaner und Malayen heute betrachtet, so scheint von der vielzitierten japanischen Übermacht, die manche Publizisten in den frühen 90er Jahren nahezu herbeigeschrieben haben, nicht viel übrig geblieben. Doch man sollte sich nicht täuschen: Natürlich wird sich der asiatische Kontinent mit seiner riesigen Bevölkerung und der dahinter stehenden Wirtschaftsmacht auch wieder erholen – und dann könnten diese Hersteller, auch wenn sie derzeit in Problemen stecken mögen, wieder nach oben gespült werden.

Mit dem XG 30 begab sich der koreanische Autobauer Hyundai 1999 erstmals auf das Feld der automobilen Oberklasse. Die Top-Version ist mit einem 3,0-Liter-V6-Motor ausgestattet.

Optik und Design der asiatischen Fahrzeughersteller sind für europäische Geschmäcker oft gewöhnungsbedürftig, doch was praktischen Wert und Preis-Leistungsverhältnis angeht, stehen die Japaner und Koreaner ihren Konkurrenten in nichts nach. Im Bild der Daihatsu NCX-2 (Mitte) und der Subaru Forester Turbo 4WD „Club" aus dem Jahr 2000 (unten).

Wir haben verstanden –
und verändern deshalb die Welt

Klar, dass die Amerikaner und die Europäer – die für einen kurzen Zeitraum von dem Auftritt der Japaner überrascht wurden – auf die einzig vernünftige Weise reagierten: mit einem Paukenschlag neuer Modelle. Eine Entwicklung, die sich bereits gegen Anfang der 90er Jahre abzeichnete und die – wenn es denn überhaupt einen Fixpunkt dafür geben sollte – ihren Anfang wahrscheinlich im Oktober 1989 nahm, als sich die europäische und amerikanische Industrie auf der Tokyo Motor Show von einer Unmenge japanischer Prototypen und Design-Studien überrascht sahen. Ein Feuerwerk an Ideen, das die Berichterstatter aus aller Welt zu Lobeshymnen auf die japanische Kreativität hinriss und die Gefahren des fernöstlichen Erfolgs in millionenfacher Auflage verdeutlichten.

› VW setzt auf die Plattformstrategie

Einer der ersten, die diese Gefahr bemerkten, war zweifellos Ferdinand Piëch, der – damals noch als Audi-Vorstandsvorsitzender – eine Reihe von Modellen und Studien in Auftrag gab, mit denen der Konzern dann 1991 glänzen sollte: So stand in Frankfurt der nie in Serie gegangene Quattro Spyder und in Tokio der Audi Avus mit einem Zwölfzylinder-W-Motor und 509 PS Leistung. Piëch, der vom 1. Januar 1993 an in Wolfsburg als Konzern-Vorstand die Macht übernahm, erkannte als einer der ersten, dass sich die großen Konzerne in der Zukunft anders auszurichten hatten. Und so beschloss er die vier Marken, die das Haus in der Zwischenzeit besaß, in einen engeren Verbund zu bringen: Damit begann auch die hohe Zeit der Plattformstrategie, die die Anzahl der Chassisversionen auf vier verschiedene Varianten verringerte – vier Plattformen, auf denen dann VW, Audi sowie die 1986 erworbene Firma SEAT und das 1991 übernommene Haus Škoda ihre spezifischen Modellvarianten aufbauen konnten.

Auch wenn es mittlerweile wieder kritische Stimmen gibt, die dieser Plattformstrategie eine gewisse Konformität der Baureihen über die Marken hinweg attestieren, bleibt es doch unbestritten, dass VW mit der konsequenten Umsetzung dieser Strategie die Industrie veränderte – denn die Konkurrenz musste natürlich nachziehen. Und wenn der VW-Konzern heute quer durch die verschiedenen Häuser eine riesige (manche sagen zu große) Modellpalette ziehen kann, die vom Lupo über den Seat Arosa und den Škoda Fabia bis hin zum Audi A3 reicht, dann ist dies in erster Linie natürlich ein Zeichen einer ingeniösen Meisterleistung – und erst in zweiter Linie ein mögliches Marketingproblem. Und da sich diese Modellanalogien quer durch alle Fahrzeugkategorien ziehen – wie beispielsweise Audi A4, Audi TT, VW Golf, VW New Beetle, Seat Toledo und Škoda Felicia – dürfte der VW-Konzern mit am besten strukturiert sein. Dass das Unternehmen mit seinen riesigen Produktionskapazitäten und dem weltweiten Firmenverbund, bei dem sich eine Rezession in Asien oder Südamerika wesentlich stärker als beispielsweise bei Porsche auswirkt, auch stärker gefährdet ist, scheint klar.

› Das Jahrzehnt der Riesen-Konzerne

Die 90er Jahre waren zweifellos das Jahrzehnt, in dem die Karten im Automobilbau neu gemischt wurden – plötzlich begann die Zeit der Mega-Fusionen, die Riesen-Konzerne wie Mercedes-Benz und Chrysler zu DaimlerChrysler werden ließen. Im Jahr 2000 kam dann noch die Allianz mit Mitsubishi hinzu, mit deren Hilfe die Stuttgarter im drastisch wachsenden asiatischen Markt zulegen wollen. Dann verbündete sich Renault mit Nissan, während sich Ford daran machte, Mazda in den Griff zu bekommen. Ford eroberte sich aber auch in einem Gewaltakt die britischen Traditionsfirmen Aston-Martin und (zum Preis von vier Milliarden Dollar) Jaguar, um sich anschließend auch noch das schwedische Haus Volvo einzuverleiben – während General Motors zuerst Isuzu und dann Saab kaufte, und schließlich im März 2000 auch noch eine Allianz mit Fiat einging. Ob all diese vielen Fusionen auch tatsächlich zu dem prophezeiten Erfolg werden,

Mit der „Avus"-Studie deutete Audi 1991 auf der Tokyo Motor Show erstmals an, wie intensiv man sich in der Zukunft mit dem Thema „Aluminium" auseinander setzen würde. Der Zwölfzylinder-W-Motor sollte nicht weniger als 509 PS bereit stellen.

Der Audi Spyder begeisterte 1991 auf der Frankfurter IAA alle Besucher – trotz vieler tausend Vorbestellungen ging der Spyder dann doch nicht in Serie, da er mit einem Verkaufspreis von weit über 100.000 Mark zu teuer geraten wäre.

Für eine kleine Sensation sorgte die tschechische VW-Tochter Škoda, als sie 1996 mit dem Octavia auf den Markt kam. Die Mittelklasse-Limousine bot ein modernes Erscheinungsbild und zeitgemäße Technik zu einem beinahe konkurrenzlosen Preis.

Für eine eher freizeitorientierte Gesellschaft schuf VW auf der Basis des Caddy den Vantasy.

Als eine Hommage an den klassischen Käfer entstand in dem amerikanischen Designstudio bei VW das Grundkonzept eines Retro-Käfers, der dann 1998 als „New Beetle" in Serie ging.

steht derzeit wohl noch in den Sternen – zu groß sind oft die Mentalitätsunterschiede und zu unterschiedlich auch die Modellprogramme und Vertriebsstrukturen. Wer hätte schließlich 1994 bei der groß angekündigten und viel umjubelten Hochzeit von BMW und Rover daran gedacht, dass diese Ehe nur sechs Jahre später wieder spektakulär beendet werden würde?

Einen völlig anderen Weg beschritt der zweitgrößte Automobilhersteller der Erde, das Haus Ford. Wohl wissend, dass ein Massenhersteller immer Probleme damit haben wird, kleine und exklusive Marken zu verstehen und zu führen, gründeten die Amerikaner 1998 die Premier Automotive Group – und sie setzten mit dem ehemaligen BMW-Vorstand Wolfgang Reitzle einen ausgewiesenen Techniker und Marketing-Spezialisten an die Spitze des neuen, in London beheimateten Unternehmens, in dem die Marken Aston-Martin, Jaguar, Lincoln und Volvo geführt werden. Dass BMW nach dem Rover-Desaster auch noch die 1948 gegründete Geländewagen-Edelmarke Land Rover mit den Modellreihen Defender, Discovery, Land Rover und Range Rover verkaufen würde, konnte Reitzle bei seinem Amtsantritt im April 1998 natürlich nicht ahnen – doch nun gebietet er auch noch über dieses fünfte Geländewagen-Edel-Label.

› Die Faszination der Marken ist ungebrochen

Wie wichtig heute Label und Mythen sind, zeigte sich auch bei der Übernahme-Schlacht um Rolls-Royce und Bentley – hier kämpften Volkswagen und BMW Ende der 90er Jahre erbittert um die beiden unter einem Dach vereinigten Marken. Schließlich setzte sich Volkswagen mit seinem Kaufangebot durch, um dann erfahren zu müssen, dass die Bayerischen Motoren Werke über ihre Beteiligung an der Rolls-Royce-Flugmotoren-Company letztlich doch die Rechte an dem Namen Rolls-Royce besaßen. Die Wolfsburger mussten diese Marke (mit Wirkung vom 1. Januar 2003 an) doch an die Münchner abtreten. Und so werden die beiden Häuser von 2003 an bei Volkswagen und bei BMW angesiedelt sein – das ebenfalls in dem Paket erworbene Technikzentrum Cosworth (wo über etliche Jahre und Jahrzehnte hinweg die Ford Cosworth-Formel-1-Triebwerke gebaut wurden, reichte Volkswagen an die Tochter Audi weiter. Über den überraschenden Verlust von RR tröstete sich VW dann mit dem Kauf der Firmen Lamborghini und Bugatti hinweg, wobei Lamborghini ebenfalls an Audi weitergereicht wurde, während Ferdinand Piëch in den nächsten Jahren aus dem Haus Bugatti die absolute Topmarke zu schaffen gedenkt – und damit diese Entscheidung auch entsprechend bekannt wurde, entwickelten die Wolfsburger Techniker einen 6,3-Liter-Achtzehnzylinder mit nicht weniger als 555 PS Leistung und einem maximalen Drehmoment von 650 Nm. Ein monumentales, in dieser Form als W-18-Motor nie zuvor gesehenes Stück Hightech, dass nun bereits vier Studien als EB 118, EB 218, EB 18/3 Chiron und als Veyron die großen Automobilausstellungen dieser Erde ziert. In welcher Form dieses End-of-the-Line-Modell in einigen Jahren auf den Markt kommen wird, stand allerdings im Sommer des Jahres 2000 noch nicht fest.

Über all die vielen Fusionen hinweg sollte man allerdings nicht vergessen, dass in den letzten Jahren auch hervorragende Automobile mit faszinierender Technik entwickelt und gebaut wurden und werden. Und was genauso begeistert, ist die Tatsache, dass die Entwicklung mittlerweile – nicht zuletzt dank einer früher kaum vorstellbaren Weiterentwicklung der Computer – an allen Enden des automobilen Spektrums greift. Da gibt es einerseits faszinierende Kleinwagen mit Hightech-Technologie und einem ausgefeilten Materialmix wie den 3-Liter-Lupo, der ausreichend Raum für vier Personen und ein mehr als ausreichendes Temperament mit noch vor wenigen Jahren unvorstellbaren Verbrauchswerten verbindet. Klar, dass diese Pionierleistung ihren Preis hat – aber andererseits war es noch nie billig, einen technischen Trendsetter zu besitzen. Und dass sich der 3-Liter-Lupo mit seiner auf 830 Kilogramm abgemagerten Karosserie mit Magnesiumteilen und mit seinem 1,2-Liter-Dreizylinder-Dieseltriebwerk mit Turbolader (45 kW / 61 PS) und den sequentiell schaltbaren Fünfganggetriebe zu den technischen Trendsettern zählen darf, ist unbestritten.

› Die schnellsten Sportwagen aller Zeiten

Auf der anderen Seite des automobilen Spektrums können sich auch Normalsterbliche – sofern sie über ausreichend Geld verfügen – Rennwagentechnologie vom Feinsten in die Garage stellen. Eine Entwicklung, die sich bereits in den 80er Jahren abzeichnete, als die am Rennsport interessierten Firmen für die Homologation ihrer Rennwagen 200 Straßenfahrzeuge an die Reichen dieser Erde abgaben. Allen voran waren damals Porsche und Ferrari mit Fahrzeugen wie dem 959 und dem 288 GTO an dieser Entwicklung beteiligt – domestizierte Hochleistungsgefährte, die locker die 300 km/h-Grenze knackten und mit 450 PS (Porsche 959) und 400 PS (Ferrari 288 GTO) neue Maßstäbe setzten.

Eine Entwicklung, der Ferrari dann 1987 mit dem F 40 und beachtlichen 478 PS noch eins draufsetzte – und wie

Zweifellos hat die Marke Rolls-Royce noch immer einen besonderen Klang – die neueste Silver Seraph-Baureihe verfügt über einen 5,4-Liter-Zwölfzylinder mit 326 PS Leistung, der von BMW zugeliefert wird.

Seit vielen Jahren ist das Haus Jaguar für seine edlen Limousinen bekannt – nach Sechs- und Zwölfzylinder-Motoren setzt die Luxusmarke, die der Firma Ford gehört, heute auf Achtzylinder-Triebwerke.

Mit nicht weniger als 18 Zylindern und 555 PS stattete der VW-Konzern die Bugatti EB 218-Limousine aus, die die Firma Italdesign mit einer klassischen Karosserie einkleidete.

Mit seinem 400 PS starken 5-Liter-Achtzylinder und einer an den legendären 507 angelehnten Form begeisterte der BMW Z8 auf Anhieb – etwa 5000 Exemplare sollen zwischen 2000 und 2004 entstehen.

viele Reiche es auf der Welt gab, die ohne mit der Wimper zu zucken einen Scheck über 420.000 Mark ausstellten, zeigte sich dann bei Produktionsende, als Ferrari nicht weniger als 1243 Exemplare des 324 km/h schnellen Geschosses ausgeliefert hatte.

Es war damals letztlich nur ein großes Spiel: Jeder Hersteller, der etwas auf sich hielt, baute seine Version eines Super-Sportwagens – Lamborghini entwickelte den Diablo mit einem mächtigen Zwölfzylinder-Triebwerk, Jaguar präsentierte den etwa 340 km/h schnellen XJ 220 und Romano Artioli, der ehemalige Ferrari-Importeur für den Süden Deutschlands, beschloss mit einem technischen Kabinettstückchen – für das er extra von den Franzosen die Rechte an dem Namen Bugatti gekauft hatte – die legendäre Marke der Vorkriegszeit wieder aufleben zu lassen. Dass der Bugatti EB 110 trotz seines Zwölfzylindermotors mit vier obenliegenden Nockenwellen, 48 Ventilen und vier Turboladern sowie Allradantrieb kein Erfolg wurde (etwa 80 Exemplare entstanden nur), lag aber weniger an der brillanten Konstruktion, sondern mehr an der nicht sehr überzeugenden Optik und den fehlenden Vertriebswegen. Daher wunderte es auch nicht weiter, dass dann – wie bereits erwähnt – Ferdinand Piëch diesen unbezahlbaren Namen erwarb.

Hatte Ferrari mit dem 288 GTO und dem F 40 noch zwei Modellreihen produziert, deren Technik auf die der Achtzylinder-Serienfahrzeuge zurückgeführt werden konnte, so entpuppte sich der F 50, mit dem das Unternehmen 1995 seinen 50. Geburtstag feierte, als völlige Eigenkonstruktion. Ganze 350 Exemplare des mehr als 700.000 Mark teuren Mittelmotor-Fahrzeugs wurden gefertigt – wobei die Fahrgestell-Nummer 350 direkt ins Werksmuseum wanderte. Das besondere dieses größtenteils aus Karbonfieber gebauten Zweisitzers war die enge Nähe zu den Formel-1-Fahrzeugen – hier stammten der Zwölfzylinder und das Monocoque-Chassis direkt vom Rennsport ab. Es dürfte wohl einige Zeit dauern, bis es wieder einmal eine derartig ingeniöse Meisterleistung zu erwerben gibt – wobei der für das Jahr 2003 geplante Mercedes-McLaren SLR wohl als würdiger Nachfolger des F 50 den Ruf des besten Sportwagens der Welt übernehmen dürfte.

Zum schnellsten Sportwagen aller Zeiten wird es jedoch nicht langen, denn die 388 km/h, die der – ebenfalls bei McLaren gebaute – F1 erreicht, dürften wohl für alle Ewigkeiten von keinem Serienwagen mehr überboten werden. Der von dem Formel-1-Designer Gordon Murray entwickelte McLaren F1 orientierte sich derart kompromisslos an den Rennfahrzeugen, dass der Fahrer hier einen Platz in der Mitte bekam, während sich die beiden Beifahrer links und rechts von ihm

Mit zwölf Zylindern und 420 PS aus sechs Litern Hubraum gehört der Aston Martin DB 7 Vantage Volante zu den schnellsten und aufregendsten Cabriolets der Welt.

Im Januar 2000 zeigte Jaguar erstmals die „F-Type"-Studie auf dem Autosalon in Detroit – sie weist den Weg zu einem neuen Roadster, der die Jaguar-Legende von 2003 an fortsetzen soll.

Auch viele Jahre nach seinem Erscheinen gilt der 450 PS starke
Porsche 959 noch immer als Technologiewunder – dafür sorgte
auch der variable Allradantrieb, der viel zur Beruhigung beitrug,
wenn man mit Tempo 315 reiste.

Mit dem „W 12"-Prototyp überraschte der VW-Konzern 1997 auf
der Tokyo Motor Show die Öffentlichkeit – der hier erstmals
gezeigte Zwölfzylinder mit 420 PS Leistung wird von 2001 an
in die großen Limousinen von VW und Audi einfließen.

zu setzen hatten. Ganze 107 Chassis entstanden zwischen
1992 und 1998, davon 64 Straßenfahrzeuge, die zum Preis
von 1,5 Millionen Mark verkauft wurden. Die restlichen Chassis wurden bei Rennen eingesetzt – und wie gut die Technik
dieses ursprünglich als Straßenwagen konzipierten Gefährts
war, zeigte sich 1995, als der F1 die 24 Stunden von Le Mans
gewann. Der 6,1-Liter-Zwölfzylinder des F1 wurde übrigens
von BMW geliefert – das Hightech-Triebwerk leistete nicht
weniger als 627 PS und lieferte ein maximales Drehmoment
von 651 Newtonmeter.

› Neue Techniken und Materialien

Die bereits erwähnte Plattformstrategie trug entscheidend
dazu bei, dass die Käufer heute weltweit über ein riesiges
Angebot an Fahrzeugtypen verfügen können: Vom kleinen
Roadster über die Limousine und den Kombi bis hin zu den
Vans und Geländewagen kann heute nahezu jeder Produzent
nahezu jedes Auto liefern. Unterstützt wurde diese Entwick-
lung aber auch von den immensen Fortschritten bei den Com-
putern, mit deren Hilfe es heute möglich ist, nahezu jede
Berechnung von der Steifigkeit über die Sicherheit bis hin zur
Fahrwerksabstimmung vorab vorzunehmen – der oft gezeigte
Crash-Test bestätigt dann letztlich nur noch die vorab erstell-
ten Berechnungen.

Die Elektronik kommt aber auch im Fahrzeug selbst
immer stärker zum Einsatz: So sind heute Einspritzanlagen
ebenso wie das Anti-Blockiersystem (ABS) eine Selbstverständlichkeit. Und dazu gibt es von der Anti-Schlupf-
Regelung (ASR) über Abstandswarngeräte mit automatischer
Geschwindigkeitsregelung bis hin zu satellitengestützten
Navigationssystemen praktisch nichts mehr, was nicht in ein
Auto montiert werden kann. Kein Wunder, dass die Elektronik
heute bei den Produktionskosten eines Fahrzeugs bereits
rund 30 Prozent einnimmt – und dass die Spezialisten hier mit
noch weiter steigenden Anteilen rechnen.

Die 90er Jahre waren aber auch Zeiten, in denen sich
die Automobilindustrie neue Materialien eroberten – und wie
so oft in der Geschichte des Autos lief diese Entwicklung immer über die teuren Fahrzeuge, bei denen in kleinen Stückzahlen Erfahrungen gesammelt werden konnten. So
entpuppte sich die Firma Audi mit dem im Februar 1994 erstmals gezeigten A8 als Wegbereiter des Aluminium-Autos. Eine
Entwicklung, die dann im Frühjahr 2000 mit dem kleinen A2
fortgesetzt wurde – und während von dem A8 und dessen
komplizierter Space-Frame-Technologie jährlich bis zu maximal 16.000 Fahrzeuge montiert werden können, haben die

Audi-Ingenieure die Erfahrungen mit dem A8 dafür genutzt, die Produktionstechnologie zu vereinfachen. So können von der kleinen A2-Limousine nun jährlich bis zu 60.000 Modelle gefertigt werden. Und man darf wohl auch davon ausgehen, dass Audi eines Tages – wenn das Know-how für noch höhere Stückzahlen vorhanden ist, das Thema Aluminium in die Großserie transponieren wird.

› Mehr denn je gefragt: Flexibilität

Im letzten Jahrzehnt des 20. Jahrhunderts begannen sich die großen Markenhersteller von ihren klassischen Segmenten zu lösen – wer hätte es noch in den 80er Jahren für möglich gehalten, dass sich ein traditionsgemäß für teure Fahrzeuge bekanntes Unternehmen wie Mercedes-Benz in den Kleinwagenbereich wagen würde? Dennoch präsentierten die Stuttgarter im Februar 1998 die A-Klasse, die dem Haus heute – nach ersten Turbulenzen mit dem Elch-Test – zu völlig neuen Käuferschichten verholfen hat. Noch gewagter schien dann die Entwicklung des Smart, der als kompromissloser Zweisitzer und als reines Stadtfahrzeug konzipiert, erst lange um sein Überleben kämpfen musste. Doch heute ist der Smart durchaus akzeptiert, und die im Frühjahr 2000 präsentierte Cabrio-Version könnte sich durchaus zu einem Kult-Fahrzeug entwickeln. Wie sehr sich die dereinst auf Repräsentations-Limousinen eingeschworene Marke mit dem Stern heute verändert hat, zeigt ein Blick ins Modellprogramm: Hier gibt es vom Smart über die A-, C-, E- und S-Klasse bis hin zu den diversen Cabriolets und Coupés (SLK, CLK, SL und CL) sowie einem Van und zwei Geländewagenbaureihen nahezu jede Variante.

Und ähnlich, wie sich Mercedes von oben nach unten in immer mehr Modellreihen verästelte, so steigen heute Marken wie Audi und VW immer weiter nach oben – da wird von Herbst 2000 an ein Zwölfzylinder im Audi A8 arbeiten, während VW in seinem „gläsernen Werk" in Dresden an einer Zehn- und Zwölfzylinder-Limousine unter dem VW-Label produzieren wird. Parallel dazu entwickeln Porsche-Techniker einen Geländewagen, der wahlweise mit VW- und mit Porsche-Technik und getrennten äußerlichen Erscheinungsbildern im Jahr 2002 auf den Markt kommen soll.

Kein Wunder, dass auf diese Attacken nun wieder Mercedes-Benz reagierte, und ebenfalls von 2002 an mit dem Mercedes-Benz Typ Maybach das absolute Top-Auto anbieten wird, bei dem sich jeder Käufer (zu Preisen von etwa einer halben Million Mark aufwärts) sein eigenes, völlig individuell gestaltetes Luxusgefährt bauen lassen kann. Dass

Die Zukunft gehört aber nicht nur PS-starken Super-Sportwagen, sondern auch perfekt ausgestatteten Mittelklasse-Fahrzeugen wie dem VW Golf, der mit Allradantrieb, sechs Zylindern und 204 PS sowie Lederausstattung, Navigationssystem und Klimaanlage allen Komfort-Wünschen gerecht wird.

Seit etlichen Jahrzehnten gilt die S-Klasse von Mercedes-Benz als der Inbegriff des komfortablen Reisens – ein Anspruch, dem auch die neueste Generation von 1998 perfekt genügt.

dieses Automobil „nur" über einen Zwölfzylindermotor verfügen wird, scheint die Stuttgarter hingegen nicht so zu stören: „Mehr als zwölf Zylinder braucht nun wirklich kein Mensch", merkte das Vorstandsmitglied Jürgen Hubbert nur lapidar zu diesem Thema an.

Keine Frage, die automobile Welt ist raffinierter und reichhaltiger geworden – „anything goes" ist heute die Devise. Und man wird sehen, ob es wirklich großer Mega-Unternehmen bedarf, um sich am Weltmarkt durchsetzen zu können – oder ob die Zukunft nicht doch kleinen, flexiblen Strukturen wie beispielsweise Porsche gehören könnte.

Genauso entscheidend wird aber auch die Weiterentwicklung der Kundendienstnetze sein – wer mit seinem Händler zufrieden ist, wird ihn schließlich auch beim Neuwagenkauf wieder zuerst besuchen und befragen. Dazu sind sich heute die meisten Produzenten auch darüber im klaren, dass für den Kunden die Verarbeitungsqualität und die Haltbarkeit extrem wichtig sind. Aerodynamik und Leichtbau, Ökonomie und Leistung werden schon nahezu als Selbstverständlichkeit vorausgesetzt. Die Kundschaft möchte Qualität für die gesalzenen Preise, die die Industrie ihnen heute abknöpft.

Heute noch eine Studie – morgen schon Realität: Mit dem SLR greift Mercedes in enger Zusammenarbeit mit seinem Formel-1-Partner McLaren nach den Sternen. Und von 2003 an soll das SLR-Coupé mit 544 PS und deutlich mehr als 300 km/h Höchstgeschwindigkeit die Klasse der Super-Sportwagen neu definieren.

Und die Zukunft?

Auch wenn es viele nicht wahrhaben wollen: Das Auto wird sich in noch größeren Stückzahlen über unsere Straßen verbreiten. Dafür sorgen nicht nur die vielen Jugendlichen, die in diesen Jahren achtzehn werden, sondern auch der Trend zum Zweit- und Drittwagen und eine stetig wachsende Zersiedlung. Immer mehr Menschen bauen außerhalb der Städte und sind dann – da die öffentlichen Verkehrsmittel ihre Transportwünsche nicht erfüllen können – auf das mobilste aller Transportmittel, eben das Automobil, angewiesen.

› „Neue" Autos sind gefragt

Allerdings wird die Zukunft andere Autos benötigen – oder genauer gesagt: Es werden sich zu den klassischen, uns wohl bekannten Formen wie Limousinen, Kombis oder Cabriolets eine Vielzahl weiterer Fahrzeugtypen gesellen. Fahrzeuge, die sich durch große Ökonomie und durch hohen Gebrauchswert auszeichnen; Fahrzeuge, die den steigenden Ansprüchen einer Freizeitgesellschaft entgegenkommen – mit variablen Kofferräumen für die Hobbyutensilien, mit großen Heckklappen und einer intelligenten Innenraumaufteilung.

Einen ersten Schritt in diese Richtung hatte bereits Renault im Sommer 1984 in sein Programm aufgenommen: den Espace, der mit den Abmessungen einer Mittelklasselimousine und einer aerodynamisch gelungenen Form großzügig Platz für sieben Personen bot. Fahren weniger Personen mit, können die fünf Sitze der zweiten und dritten Sitzreihe einzeln demontiert werden, was eine entsprechende zusätzliche Ladefläche schafft. Ein Konzept, über das die Konkurrenz zuerst schmunzelte, um es dann doch selbst in die Modellpalette aufzunehmen.

Heute sind diese Vans bei praktischen allen Herstellern im Programm – hier eine kleine Auswahl: Chrysler Voyager, Citroen Evasion, Daihatsu Move, Fiat Multipla und Ulysse, Ford Windstar, Lancia Zeta, Mazda Premacy, Mitsubishi Space Wagon, Nissan Serena, Opel Zafira, Peugeot 806 und Volkswagen Sharan. Ähnlich wie Mitte der 80er Jahre hat Renault nun mit dem Avantime die nächste Generation einer Mischung aus Limousine, Van und Sportcoupé auf die Räder gestellt, die als Trendsetter gesehen werden darf. Und natür-

Die Zukunft wird auch der Variabilität gehören – Design-Studien wie der Citroën Pluriel zeigen schon heute, dass sich Begriffe wie Limousine, Cabriolet und Coupé überschneiden könnten.

Renault gehört seit einigen Jahren zu den mutigsten Herstellern – wo sonst gibt es ein Großraum-Coupé wie den Avantime, der von 2001 an bei den Händlern stehen wird?

Und auch der in nur kleinsten Stückzahlen gebaute Renault Spyder sorgte – nicht zuletzt dank der fehlenden Windschutzscheibe – für Aufsehen und ein sportliches und avantgardistisches Image.

lich gibt es auch noch bei den wenigen Firmen, die bislang noch nicht auf diesen Zug aufgesprungen sind, viele Entwürfe – so beispielsweise bei BMW und DaimlerChrysler.

› Nahezu alles ist machbar

Dank der Plattformstrategie ist heute nahezu alles machbar: Sie wollen einen Geländewagen mit Zwölfzylinder-Turbodiesel? Oder ein Allrad-Coupé mit 18 Zylindern? Oder einen kleinen 3-Liter-Roadster auf Basis des Smart? Alles schon da gewesen: Von Volkswagen, von Bugatti und von Smart. Gerade diese Traumwagen werden gerne für Ausstellungen gebaut, denn an ihnen dürfen die Stylisten und Techniker zeigen, was sie alles machen könnten, wenn sie nicht auf Praxisnähe Rücksicht nehmen müssten.

Kleine Firmen, die für eine spezielle Klientel arbeiten, haben natürlich mehr Freiheiten: So bauen die italienischen Karosserie-Schmieden Pininfarina, Bertone und Italdesign immer wieder Traumgefährte, von denen dann das eine oder andere sogar in eine mehr oder weniger große Serie geht. Mit an die Spitze des Fortschritts hat sich dabei sicherlich im Laufe der letzten Jahre Giorgetto Giugiaro gestellt, der vom Maserati Ghibli über den Lotus Esprit bis hin zu den Bugatti-Prototypen EB 112 und EB 118 bis heute mehr als 100 Fahrzeuge gezeichnet haben dürfte. Sein erfolgreichstes Modell war aber die erste VW Golf-Generation, mit der Giugiaro eine völlig neue Fahrzeugklasse schuf, die bis heute als die „Golf-Klasse" gilt und in höchsten Stückzahlen gebaut wird.

› Neue Materialien setzen sich durch

Die Autos von morgen werden im Windkanal glattgebügelt werden und dennoch ihr eigenes Design haben. Die Bedenken, dass alle Automobile ähnlicher werden könnten, sind nicht gerechtfertigt. Neue Materialien kommen zum Einsatz: Kunststoffe werden immer mehr die Metalle ersetzen; sie sind höher belastbar, wiegen weniger, und sie werden – mit steigender Produktion – auch billiger. Glasfaser verstärkte Kunststoffe, die heute beispielsweise das Rückgrat der Formel-1-Chassis bilden. Diese Werkstoffe werden auch tragende Funktionen bei sportlichen Serienfahrzeugen wahrnehmen können. Parallel dazu wird auch Aluminium einen immer größeren Aufgabenbereich übernehmen – und so langsam in die Großserie einfließen. Hier hat zweifellos Audi mit dem A8 und dem im Frühjahr 2000 präsentierten A2 Pionierarbeit geleistet.

Glasfaserkabel übernehmen die Aufgaben des Kabelbaums: In der Zukunft gibt es in keinem Wagen mehr Hunderte von einzelnen Kabeln; der Fahrer wird direkt am Armaturenbrett erkennen, wenn eine Funktion (z. B. ein Blinkerlicht) gestört ist. Digitale Instrumente werden selbstverständlich sein; die guten alten Rundinstrumente wird es nur noch in teuren Luxuswagen geben, bei denen man mit Handarbeit kokettiert. Und mit den neuesten Kommunikations- und Navigationssystemen mutieren die Automobile nicht nur zu rollenden Büros, sondern auch zu rollenden Musikhallen, die ihre Insassen trotz aller nervenden Staus sicher und komfortabel zum Ziel führen.

› Mit dem richtigen Antrieb in die Zukunft

Und die Motoren? Noch sparsamer mit noch mehr Leistung – diesen Widerspruch lösen die Techniker durch die Elektronik, von der das Triebwerk die exakt benötigte Benzinmenge zum richtigen Zeitpunkt zugeteilt bekommt. Hierbei arbeiten Sensoren, die unter anderem die exakte Drehzahl, die Außentemperatur, den Luftdruck, die Öltemperatur, die Belastung (Vollgas oder verhaltenes Fahren) und unzähliges mehr permanent verarbeiten und ohne Verzögerung an die Einspritzpumpe und die elektronische Zündung weitergeben. Mittlerweile haben sich auch bereits Fünfgang-Automatikgetriebe und handgeschaltete Sechsganggetriebe durchgesetzt – und das perfekt funktionierende stufenlose Automatikgetriebe, bei dem die Elektronik stets zum richtigen Zeitpunkt die perfekte Übersetzung bereitstellt, steht auch kurz vor der Serieneinführung.

Bleibt noch die Frage nach der Zukunft der alternativen Antriebe. Auch wenn es die Verfechter alternativer Antriebe nicht wahr haben wollen: Der Verbrennungsmotor wird uns in seiner heutigen Form noch die nächsten Jahrzehnte als Otto- und als Diesel-Motor begleiten. Dafür ist er mittlerweile zu ausgereift – und er wird in der Zukunft dank modernster Technologie, neuen Materialien wie Mischformen aus Stahl, Aluminium, Kunststoff und Kohlefaser oder Keramik sowie einer immer weiter perfektionierten Elektronik noch derart hohe Einsparungspotenziale freisetzen, dass die alternativen Antriebe nicht mithalten können.

Natürlich arbeiten die Firmen trotz der Festlegung auf den Verbrennungsmotor an der Entwicklung neuer Technologien. So sagte der damalige BMW Technik-Vorstand Wolfgang Ziebart im November 1999 der Süddeutschen Zeitung: „Selbstverständlich müssen wir uns mit der Zukunft beschäftigen – nur wenn wir eine klare Vorstellung von der Mobilität

Wer hätte sich vor einigen Jahren vorstellen können, dass Mercedes-Benz mit dem Smart-Roadster eine Nische anpeilt, in der man sich die Edel-Marke nie hätte vorstellen können?

Auch wenn man sich an die Form vielleicht zuerst gewöhnen muss – unter der Karosserie des Audi A2 sitzt ein hochmoderner Aluminiumrahmen, der für viel Stabilität und wenig Gewicht sorgt.

Um die Qualitäten dieser BMW Z22-Studie zu erkennen, sollte man unter die Karosserie schauen können – hier werden die Lenkung und die Bremsen per Kabel („by wire") elektronisch betätigt.

Natürlich wird es noch Jahrzehnte dauern, bis europaweit eine komplette Energie-Infrastruktur für Wasserstoffmotoren aufgebaut sein wird – doch BMW hat im Sommer 2000 mit seinem „Wasserstoff"-Siebener einen ersten Schritt in diese umweltfreundliche Zukunftstechnologie gemacht. Die ersten Serienfahrzeuge werden in drei, vier Jahren angeboten werden.

der Zukunft haben, können wir dazu auch sinnvolle Angebote erarbeiten. BMW ist seit Jahren führend bei der Entwicklung des Wasserstoff getriebenen Verbrennungsmotors. Wir sind nun dabei, aufzuzeigen, in welchen Netzwerken Infrastrukturen für eine flächendeckende Wasserstoffversorgung aufgebaut werden können. Denn für uns ist Wasserstoff der Energieträger der Zukunft – in einem Verbrennungsmotor und nicht in einer teuren und schweren Brennstoffzelle zu Wasser umgewandelt."

Aussichten, die Hans-Joachim Schöpf als Technik-Vorstand des Hauses Mercedes-Benz anders sieht: „Zwar haben Otto- und Dieselmotor dank ihres hohen Optimierungspotenzials noch eine große Zukunft vor sich – und so wird bis 2010 der Anteil alternativer Antriebe noch unter zehn Prozent liegen. Doch dann werden der Hybridantrieb auf Methanolbasis und die Brennstoffzelle langsam aufholen, wobei noch nicht geklärt ist, wie der Markt letztere akzeptieren wird."

Eines ist heute aber allen Technikern klar:

Der Elektroantrieb wird wohl keine große Zukunft haben, da sich bis heute keine Batterieform am Horizont abzeichnet, die genügend Kraft bei einem entsprechend geringen Eigengewicht bietet.

Kurz gesagt: Das Auto wird auch im 21. Jahrhundert nicht völlig neu erfunden werden – dafür ist die Basis, die die Vorväter gelegt haben, einfach zu gut. Allerdings erfüllt das Auto heute die Ansprüche seiner Käufer in einer Form, von der Gottlieb Daimler und Karl Benz nicht einmal träumen konnten. Und in dieser Form und Perfektion wird es auch in den nächsten Jahrzehnten keine Konkurrenz zu fürchten brauchen. Denn kein Fahrzeug außer dem Automobil bietet gleich viel individuelle Mobilität.

Gegenüber: So könnte der neue Bugatti-Sportwagen eventuell aussehen – die von Italdesign gezeichnete Studie zeigt zumindest den 18-Zylinder-Motor in aller Pracht.

18/3 EB 67

Register

Fettdruck verweist auf Abbildungen

Bildnachweis

AKG: 50u., 66, 74, 88o.; Alfa Romeo: 85, 126o.; Aston Martin: 147; Audi/Auto Union: Umschlag hinten (1), 31o., 33u., 42u., 45u., 51o., 56, 65u., 73m., 78u., 86u., 89o., 91, 98m., 99o., 113u., 115u., 124, 129, 130o./u., 131, 132o./u., 143, 153u.; Bentley: 73u.; Andreas Beyer: 105; BMW: 45o., 48o., 96u., 106o., 117u., 123o., 133o., 146, 154; Citroën: Umschlag hinten (1), 43o., 101, 117o., 151; Daihatsu: 141m.; DaimlerChrysler: Umschlag vorne (1), Umschlag hinten (1), 8, 9 u., 10, 11, 12, 13, 15, 16, 17, 18, 19, 20u., 22o., 23m./u., 26o./m., 29o., 34, 36u., 37u., 38, 39o./u., 41, 44m., 47, 49o./m., 52, 53, 54u., 55o./u., 70, 71o., 75, 79o., 81u., 82, 83, 88u., 89u., 90, 92, 98o., 103, 112u., 119o., 128u., 149u., 150; Ferrari: 107o., 122u.; Fiat: 21o., 27u., 32o., 39m., 40u., 44o./u., 62u., 68u., 69, 86o., 93o., 100o./hat; Ford: 26u., 27o., 50o., 66o., 97m., 116m., 127u.; General Motors: 22u., 60, 61u., 63o., 104o., 107u., 118o.; Honda: 135, 136; Jaguar: 109u., 143m., 147u.; Hyundai: 141o.; Kia: 140u.; Archiv Peter Kurze, Süstedt: 94m., 98u.; Lancia: Umschlag hinten (1), 28o./u., 43m., 57u., 59u., 104u.; Archiv Jürgen Lewandowski: 28m., 37o., 61o./m., 63u., 68o., 73u., 74u., 77u., 87, 109o., 120, 121; Leyland Deutschland: 22m., 25u., 33o., 100u., 102o.; Mazda: 134o., 140o.; Motorpresse Stuttgart: 122m.; Nissan: 137o./m.; Opel: Umschlag vorne (1), 29m./u., 30, 48m./u., 49u., 65o., 66u., 67o., 97u., 99u., 114o., 116o., 117m., 119u., 125, 128o.; Peugeot: 20 o./m., 24, 32u., 40o., 43u., 54o., 68, 81o., 110o., 132m.; Porsche: 21u., 94u., 110m./u., 113o., 133u., 148o.; Renault: 9o., 23o., 36o., 42o., 55m., 57, 58, 59o., 67m., 76u., 77o., 100m., 102u., 106o., 108o., 112o., 118, 152; Rolls-Royce: 25m., 145; Saab: 114o.; Smart: 153o.; Archiv Steiger Verlag: 96o.; Subaru: 141u.; Süddeutscher Verlag Bilderdienst: 31u., 62o., 71u., 74u., 76o., 79u.; Suzuki: 140m.; Toyota: 134u., 139; Peter Vann: 122o.; Volkswagen: Umschlag vorne (2), Umschlag hinten (1), 67u., 93, 95, 97o., 108u., 116u., 126u., 127o., 130m., 144, 145u., 148u., 149o., 155

Impressum

Die Deutsche Bibliothek – CIP-Einheitsaufnahme
Ein Titeldatensatz für diese Publikation ist bei der Deutschen Bibliothek erhältlich

Steiger Verlag München 2000
© Weltbild Ratgeber Verlage GmbH & Co. KG, München
Alle Rechte vorbehalten

Printed in Spain
ISBN 3-89652-226-4